ACQUA PAZZA
東京名店配方大公開

i piatti di pesce del Ristorante ACQUA PAZZA

大境文化

i piatti di pesce del Ristorante

主角即是海鮮料理—自1990年Ristorante ACQUA PAZZA開業以來，
就是我心中從未改變過的主題。
當時在義大利從北到南學習時，最觸動並吸引我的就是
臨海的拿坡里與西西里料理，或許是對海的憧憬，
又或許是孩提時期最熟悉的飲食原點，一向都是美味的海鮮類也說不定。
今年春天，本店搬遷後再重新出發之際，
除了一直以來的定位「海鮮料理的ACQUA PAZZA」之外，
更進一步地貼近「當季」的概念，重新審視每一種海鮮類。
不是以既定的料理來採選食材，而是用今天採購到的海鮮類來製作。
日本人不僅限於海鮮，即使是蔬菜也崇尚「當季」，
有意識地掌握住瞬間最美味的優良技術。
這應該是每日可以捕獲豐富美味海鮮的環境，所培養出來的智慧吧。
雖然日本和義大利都具有饗食海鮮的文化，但就我個人所感，

中央坐者為日高良實主廚兼負責人Owner Chef，後排左起「ACQUA MARE」須貝惠介主廚、「ACQUA PAZZA」川合大輔主廚、土方瞭平副主廚。

ACQUA PAZZA

享受義大利名店「ACQUA PAZZA」海鮮料理的美味

在魚的種類、靈活運用魚類烹調技巧上，日本比較富於變化，
但另一方面，在調味料、醬汁、副材料的使用方法上，
則是義大利具有無限的可能。
將此兩種飲食文化，自由無礙地使其融合，
成為「日本獨一無二的義式海鮮料理」，
是我一直努力完成的事，
也是接下來希望能使兩者，更加磨合圓融的方向。
若是閱讀了本書，應該就能瞭解，烹調方法更為簡單且更加進化。
例如，輕微地使其受熱至恰到好處的烤魚方式、蒸煮方法。
魚類另行烘烤後，搭配其他食材就能消除腥味，
僅以魚骨和水份、或蔬菜和水份，就能煮出清爽的風味。
請大家樂在其中地享受並貫徹「活用食材風味的義大利料理」，
嶄新ACQUA PAZZA的美味。

contents

1 章

簡單而且美味 以海鮮為主的經典義大利料理 基礎與應用

Carpaccio

Insalata

Fritto

Pasta

Risotto

Secondo Piatto

Acqua pazza

2章

依魚的種類享用當季的美味 Ristorante「ACQUA PAZZA」的獨特食譜

本書之基本事項

● 關於計量
1小匙＝5ml、1大匙＝15ml、1杯＝200ml
● 關於材料、機器
◉ E.V.橄欖油是頂極初榨橄欖油的簡稱。
◉ 炸油是葵花油、葡萄籽油、冷壓白芝麻油等可依個人喜好選用。
◉ 奶油全部是無鹽奶油。
◉ 鮮奶油使用的是乳脂肪成分47%，也可以使用40%。
◉ 黑橄欖可依食用方便，分為有核和無核，哪一種都可以。綠橄欖也可以。
◉ 使用拍碎大蒜時，用刀子輕輕壓碎的程度即可。壓碎成過度細小的蒜片，容易在拌炒時燒焦反而影響風味。
◉「蒜漬油」，是切碎的大蒜浸泡足以淹蓋的E.V.橄欖油浸漬而成。可長期保存，無論何時都能立即使用，非常方便。也可以使用大蒜風味的橄欖油。
◉ 貝類（花蛤、蛤蜊、白貝）要事前先吐砂。
◉ 材料欄的魚片，帶魚皮會標示為「帶皮魚片」、去皮者標示為「去皮魚片（saku）」
◉ 烤箱因機種而存在性能差異，標示的溫度及時間請作為參考。

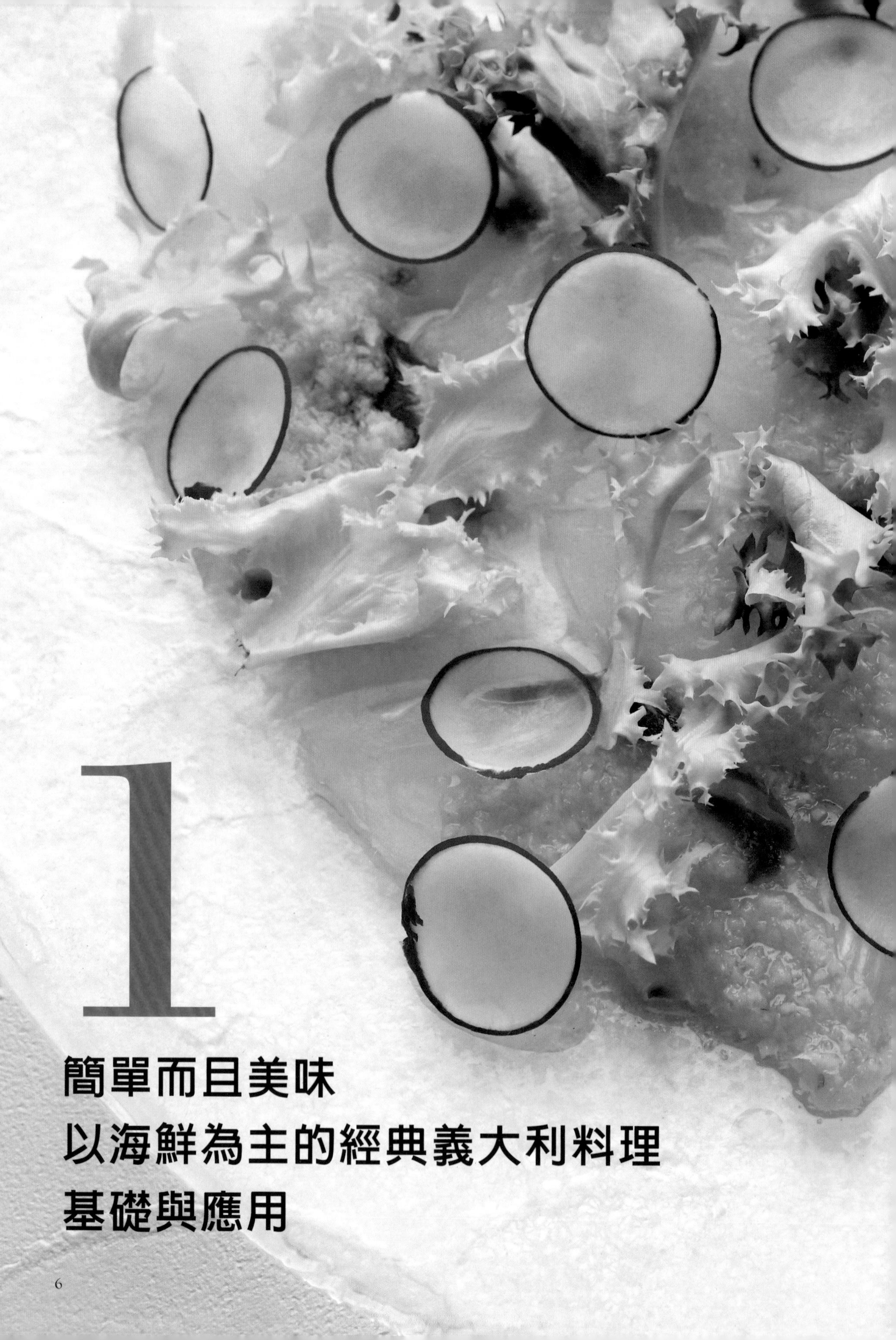

1

簡單而且美味
以海鮮為主的經典義大利料理
基礎與應用

照片是「真鯛的生魚薄片開胃菜、辣根醬汁」。製作方法請參照P.8

突出在地中海半島，大大小小島嶼組成的義大利，是個有著豐富海中珍饈的國家。各地都有多樣化的海鮮料理，令人食指大動。開胃菜的義式生醃冷盤(carpaccio)或酥炸；使用蛤蜊的義大利麵、墨魚汁燉飯；或是使用香草的煎烤，以及如同本店招牌料理「義式水煮魚ACQUA PAZZA」等，對於喜愛海鮮的日本人而言，真是充滿著無可言喻的魅力。本章用簡單易懂的方式解說，希望大家都能熟練的經典海鮮料理，活用日本的海鮮、蔬菜，以及醋漬或半敲燒等日式烹調技巧，將其納入應用篇，內容非常充實。

Carpaccio
義式生醃冷盤

原本是使用牛菲力的生肉料理，但在此多是使用海鮮類製作的義式生醃冷盤。
除了豐富的各種魚類之外，還有甲殼類、烏賊、章魚、貝類等，
各式各樣搭配最具魅力與樂趣。海鮮類可以是生食、醃泡醋或油脂、
又或是可在表面略微火烤後，切薄片盛盤。

基礎

Carpaccio di orata, salsa di rafano
真鯛義式生醃冷盤、辣根醬汁

清淡的白肉魚無論怎麼調味都很適合，也是義式生醃冷盤最理想的材料。店內經常使用的是真鯛、比目魚、黃尾獅（Seriola lalandi）等。切成薄且寬的片狀，攤放在盤中，最容易使醬汁滲入，同時也能漂亮的擺盤。辣根醬汁清爽的辛辣更加提味，也適用於香煎魚類或沙拉。

材料（2人分）
真鯛（三片切法。p.128）⋯⋯ 100g
鹽 ⋯⋯ 適量
辣根醬汁
辣根＊（削去表皮後）⋯⋯ 35g
E.V.橄欖油 ⋯⋯ 100g
醬油 ⋯⋯ 3滴
鹽 ⋯⋯ 3g
完成
辣根＊ ⋯⋯ 適量
櫻桃蘿蔔（薄片）⋯⋯ 1顆

＊**辣根**／ horseradish，也可使用研磨好的冷凍品。
＊**苦苣、櫻桃蘿蔔**／冰水沖洗至鮮脆，用廚房紙巾拭乾水份。

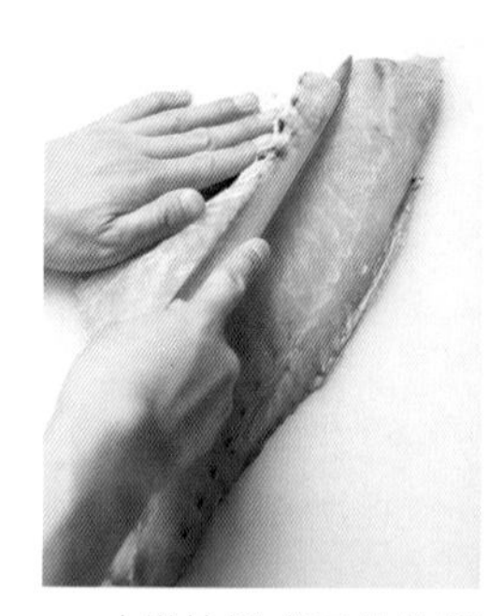

1 從片切成三片的鯛魚片上，薄削切下腹骨。

2 縱向將魚片切成2等分，將魚背和魚腹分開。

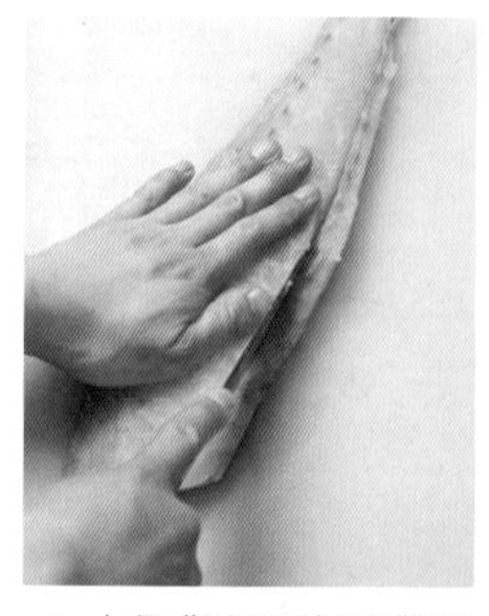

3 魚背和魚腹連帶著魚鰭的邊緣都一併細細切除，整理魚片的形狀。

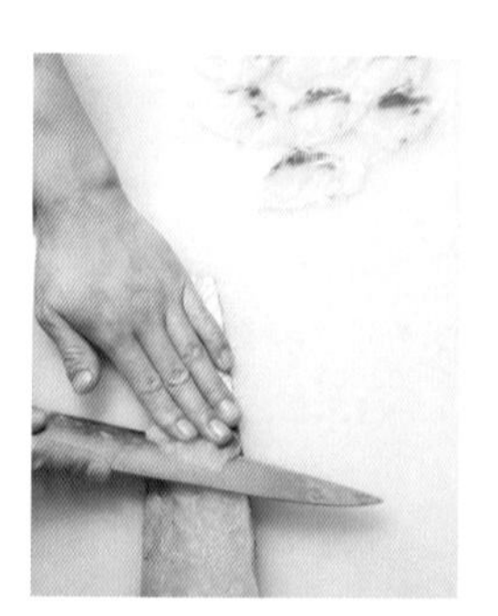

4 魚皮朝下地放置魚片，刀子斜向使切口寬闊地薄薄斜向片切。邊進行片切邊將薄片排放在盤上。盤子略小的時候，也可略微層疊地排放。

5 將辣根磨成泥狀，加入醬油、鹽混拌，倒入E.V.橄欖油，再次混拌。

6 在真鯛薄片上撒鹽，再各別擺放上大量的辣根醬汁。撒放撕碎的苦苣，再添加櫻桃蘿蔔點綴盛盤。

Sgombro marinato alle erbe

醋漬鯖魚、香草油

recipe»»»p.11

用葡萄酒醋略使其緊實的鯖魚，以義式生醃冷盤風格呈現。以混入新鮮香草的橄欖油作為醬汁。

Sarde marinate con salsa di porri
醋漬沙丁魚、蔥醬汁

recipe»»»p.11

鹽漬後，以白酒醋和橄欖油各浸漬1天確實完成醋漬的沙丁魚。用一起浸漬的大蔥泥作為醬汁。

醋漬鯖魚、香草油

利用香草或橄欖油等義式調味醃漬鯖魚。利用鹽或醋縮短醃漬時間，
大約是中央部分的生魚肉也略微醃漬的程度。魚肉過度醃漬會變硬也容易產生裂紋。

材料（2人分）
鯖魚（三片切法。p.132）⋯⋯ 100g
鹽 ⋯⋯ 適量
白酒醋 ⋯⋯ 約100ml
香草油
蒔蘿（切碎）⋯⋯ 1大匙
香葉芹（切碎）⋯⋯ 1大匙
E.V. 橄欖油 ⋯⋯ 1又½大匙
完成
紫洋蔥＊（薄片）⋯⋯ 10g
粉紅胡椒 ⋯⋯ 適量
蒔蘿 ⋯⋯ 適量

＊**紫洋蔥**／以冰水沖洗至爽脆，用廚房紙巾包覆擰乾水份。

製作方法

1 在方型淺盤上撒入少量鹽，將鯖魚皮朝下地放入。撒放上足以覆蓋鯖魚的鹽，靜置約20分鐘（**a**）。這個作業是為了除去腥味和排出多餘的水份。

2 以清水沖洗後，充分拭乾水份，擺放在方型淺盤上，澆淋一半用量的白酒醋。覆蓋上廚房紙巾後，再澆淋其餘的白酒醋（**b**），靜置30分鐘使其浸漬。
• 覆蓋廚房紙巾，能使表面不至乾燥地均勻醃泡，醋的用量也可以抑制在最小限度。

3 拭去鯖魚的水份，腹骨以薄片方式切除（**c**）。
• 腹骨，若是在用醋醃漬前切除，腹部魚肉變薄，相較於厚實的背部魚肉，醋會過度滲透，也會導致魚肉容易潰散，所以會在醃漬後才切除。

4 用魚骨夾拔除魚背骨處殘留的小刺（**d**）。

5 從魚頭方向開始剝除魚皮，一口氣拉起剝除（**e**）。魚肉斜向薄片成5mm的厚度。

6 <香草油>混拌蒔蘿、香葉芹、E.V. 橄欖油，靜置30分鐘以上，使香氣移轉至橄欖油中（**f**）。

盛盤
將鯖魚排放在盤中，澆淋上香草油。擺放紫洋蔥，撒上粉紅胡椒和蒔蘿。

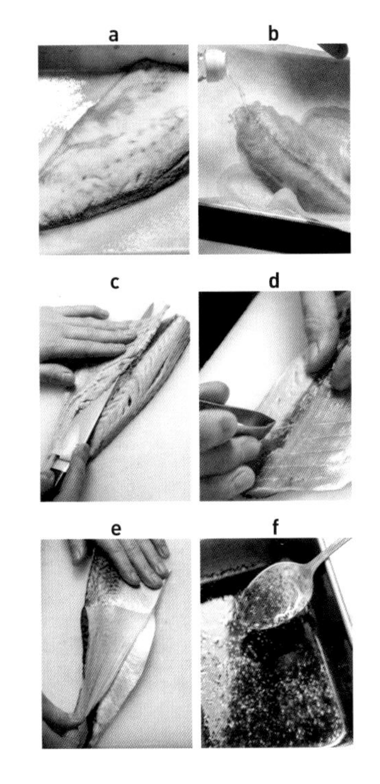

醋漬沙丁魚、蔥醬汁

沙丁魚的魚肉柔軟又容易煮散，所以使用中型以上的大小。用醋醃漬後，以油脂中和圓融醃泡的酸味，即使放置2週也一樣美味。為消除腥味一起醃泡的日本大蔥，已揮發掉了辛辣又具有鹹味及酸味，運用製成爽口的醬汁。

材料（2人分）
沙丁魚（中型。三片切法。p.133）⋯⋯ 100g
鹽 ⋯⋯ 適量
白酒醋 ⋯⋯ 約100ml
E.V. 橄欖油 ⋯⋯ 浸漬沙丁魚的用量
蔥醬汁
日本大蔥（斜向薄片）⋯⋯ 1根
E.V. 橄欖油 ⋯⋯ 2～3大匙
鹽 ⋯⋯ 適量
完成
小番茄（切成¼大小）⋯⋯ 4個
黑橄欖（去核、切成圓片）⋯⋯ 4個
平葉巴西里（切碎）⋯⋯ 適量

製作方法

1 在方型淺盤上撒入少量鹽，將沙丁魚皮朝下地放入。撒放上足以覆蓋鯖魚的鹽，靜置約15分鐘（**a**）。

2 以清水沖洗後，充分拭乾水份，擺放在方型淺盤上，澆淋⅓用量的白酒醋（**b**）。覆蓋上日本大蔥（**c**），再倒入其餘白酒醋的半量。覆蓋廚房紙巾，之後再澆淋剩餘的白酒醋使紙巾濕潤（**d**）。包覆保鮮膜靜置於冷藏室一晚。

3 將沙丁魚排放至另外的方型淺盤中，倒入E.V. 橄欖油至足以浸泡魚肉（**e**）。包覆保鮮膜靜置於冷藏室一天浸漬。

4 <蔥醬汁>**2**的日本大蔥用廚房紙巾包覆並輕輕地擰乾水份（**f**）。放入食物料理機中，加入E.V. 橄欖油攪打成糊狀（**g**），用鹽調味。

盛盤
沙丁魚夾放在2張廚房紙巾中吸去多餘的油，切成4等分盛盤。擺放蔥醬汁，撒上小番茄塊、黑橄欖片、平葉巴西里碎。

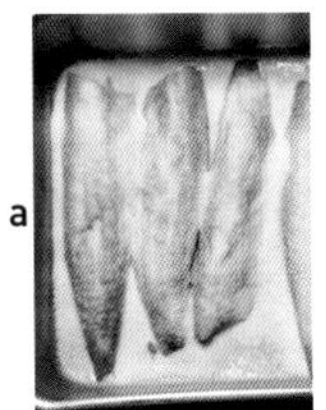
a

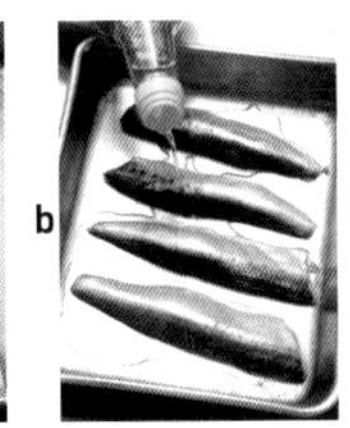
b

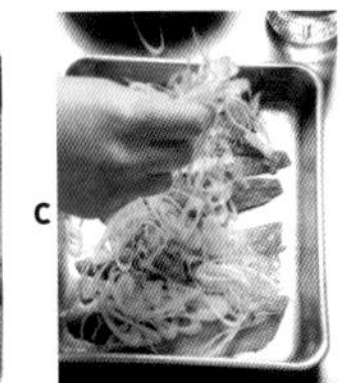
c

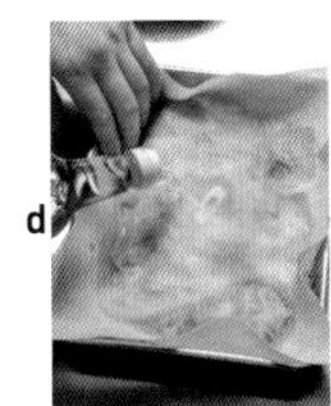
d

e

f

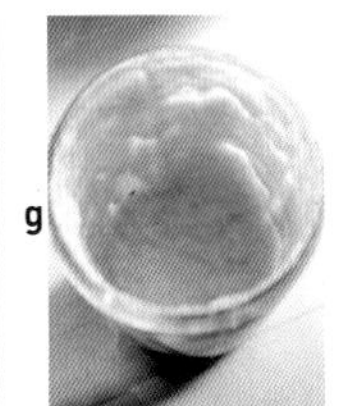
g

Gamberi ed arancia marinati ai finocchi

柳橙醋漬鮮蝦、茴香醬汁

將鮮蝦切開成一片使其成為義式生醃冷盤。利用日本對蝦、甜蝦、牡丹蝦等可以美味生食的鮮蝦來製作。以西西里料理中經常組合使用的柳橙和茴香來調味，香甜的風味很適合搭配鮮蝦。

材料（2人份）
日本對蝦＊ …… 10隻
柳橙（果肉）…… 8瓣
茴香頭 …… 50g
鹽 …… 適量
E.V.橄欖油 …… 適量
茴香醬汁
茴香頭 …… 20g
大蒜（刨下成泥）…… 少量
E.V.橄欖油 …… 70g
鹽 …… 少量
完成
茴香葉 …… 少量
柳橙（皮）…… 少量

＊**日本對蝦** / 使用冷凍蝦時，解凍後以熱水急速汆燙，使表面略微受熱即可。

製作方法

1 取下日本對蝦的頭和蝦殼，剝出蝦肉，由腹部切開使其成為片狀。若有腸泥則取出（**a**、**b**）。

2 柳橙的果肉先除去薄膜，茴香頭縱向薄片，放入缽盆中，撒上鹽混拌（**c**）。放入日本對蝦，用鹽、E.V.橄欖油調味（**d**、**e**）。
・用刮刀彷彿切開般地混拌柳橙，可以釋出果汁，更美味多汁，也可以加少量柳橙汁。

3 <**茴香醬汁**>邊撕碎茴香葉邊放入食物料理機，加入大蒜、E.V.橄欖油、鹽一起攪拌使其成為糊狀（**f**）。

盛盤

攤開地排放鮮蝦，上方擺放柳橙和茴香頭切片，點狀地滴落茴香醬汁。撒上茴香葉、刨下的柳橙皮。

Capesante marinate con carciofi

醋漬帆立貝與朝鮮薊、薄荷黑胡椒橄欖油

貝類當中，柔軟又大片適合製成義式生醃冷盤的就是帆立貝。直接生食可品嚐到其中的甜味，
若表面略加烘煎更能增添香氣和美味。與朝鮮薊的組合，搭配薄荷與黑胡椒的香氣與辛辣更具提味效果。

材料（2人份）
帆立貝 …… 4個
朝鮮薊＊（切薄片）…… 6個
薄荷葉 …… 30片
鹽 …… 適量
檸檬汁 …… 1個
E.V.橄欖油 …… 適量
完成
黑粒胡椒 …… 適量

＊**朝鮮薊**／油漬或水煮的瓶裝品，或冷凍品都很方便。生鮮的冷凍品則是解凍後再煮至柔軟。

製作方法

1 貝殼的平坦面朝上地抓握，用金屬製工具（開貝刮板或小刀等平面的工具）從兩片貝殼間沿著上端的殼插入（**a**）。左右移動金屬工具，從外殼拆卸貝柱的上端。

2 掀開上端貝殼（**b**），以手取下貝肉，拆除下端貝殼。

3 除去繫帶和內臟（**c**），邊以流動的水沖洗貝柱，邊取下位於薄膜和角落的白色塊狀物（**d**）。

4 拭淨貝柱的水份，斜向切薄片（**e**）。
・若是小型則切成小塊，若大型則可橫向切薄片，切成方便食用的大小。

5 朝鮮薊切成寬5mm的薄片。

6 在缽盆中放入貝柱、朝鮮薊、薄荷，用鹽、檸檬汁、E.V.橄欖油，充分混拌（**f**）。

盛盤
攤平排放在盤中，撒上黑胡椒。

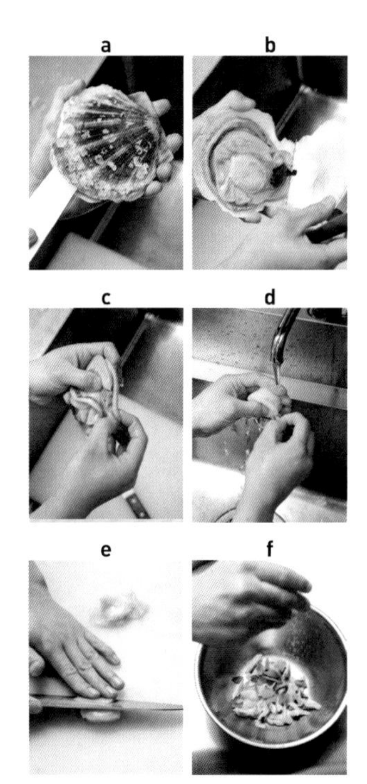

Bonito scottato con salsa di pomodoro fresco e maggiorana

鰹魚半敲燒、番茄馬郁蘭醬汁

鰹魚肉表面烘煎過的「半敲燒」，是增加香氣又能凝聚濃縮美味的巧妙手法。
若搭配爽口的番茄醬汁，就是一道很棒的義式生醃冷盤。
魚肉略有厚度就不易崩散，可以嚐到鰹魚富含鐵質的濃郁鮮美。

材料（2～3人份）
鰹魚（帶皮的魚塊）…… 100g
鹽 …… 適量
E.V. 橄欖油 …… 適量
番茄馬郁蘭醬汁
水果番茄＊（切成1cm塊狀）…… 2個
馬郁蘭葉 …… 10片
鹽 …… 適量
紅酒醋 …… 2小匙
E.V. 橄欖油 …… 1大匙
完成
紫洋蔥＊（切薄片）…… 15g
馬郁蘭葉 …… 適量
降溫用的冰水 …… 適量

＊**水果番茄**／熱水汆燙去皮，去籽。
＊**紫洋蔥**／以冰水沖洗至爽脆，用廚房紙巾包覆擰乾水份。

製作方法

1 在鰹魚肉塊上撒鹽（**a**）。
• 烘煎後放入冰水，多少可以除去鹹度，所以撒上略多的鹽備用。

2 帶皮面確實撒上鹽，放置7～8分鐘（**b**）。

3 在平底鍋中放入E.V. 橄欖油，以大火加熱，魚皮朝下地放入鍋中。因加熱魚皮會縮捲，因此最初要先用鍋鏟按壓地烘煎（**c**）。
• 也可以串上鐵串置於網架上烘烤。

4 烘煎至略有烤色時，翻面，依序烘煎側面，煎至表面變硬（**d**）。

5 均匀地烘煎表面後放入冰水中（**e**）。

6 待表面降溫後，立刻取出以紙巾拭乾水份（**f**）。

7 ＜**番茄馬郁蘭醬汁**＞在缽盆中放入番茄，撒上鹽混拌。依序加進馬郁蘭、紅酒醋、E.V. 橄欖油，每次加入後都確實混拌（**g**）。
• 混拌至番茄的汁液滲出的程度，能與馬郁蘭醬汁更加融合，也更容易沾裹至鰹魚上。

盛盤
鰹魚分切成8mm的厚度排放在盤中。中央處擺放紫洋蔥，番茄醬汁澆淋在鰹魚上，撒上馬郁蘭。

Carpaccio di suro con pure di melanzane arrostite

炙燒竹筴魚義式生醃冷盤、烤茄泥

僅僅多一道用瓦斯噴槍在竹筴魚去皮表面，略略燒炙的手續。用烤網、油鍋烘煎也都OK。
佐上作為醬汁具同樣香氣的烤茄泥。

材料（2人份）
竹筴魚（中型。三片切法。預備處理p.133）…… 100g
鹽 …… 適量
茄子 …… 1個
烤茄泥
茄子 …… 3個
義式魚醬（Garum）＊ …… 1大匙
完成
羅勒（Basilico）…… 10小片
E.V.橄欖油 …… 適量

＊**義式魚醬（Garum）**／日本鯷魚等使其發酵製成的義大利魚醬。

製作方法

1 仔細地拔除竹筴魚背骨的小魚刺，一口氣地剝除魚皮（**a**）。兩面撒上鹽（**b**），用瓦斯噴槍在去皮的那一面炙烤上色（**c**）。

2 配菜和烤茄泥用的茄子一起以中火網烤，烤至全體呈焦黑狀態。降溫後剝除焦黑表皮，沖洗後拭去水份。配菜用的茄子1條切成細條狀。

3 ＜**烤茄泥**＞其餘的3條茄子粗略切塊後，放入食物料理機中攪打成泥狀。加入義式魚醬再次攪打（**d**）。

盛盤

竹筴魚斜切片成5mm厚的薄片盛盤，在盤中點點滴落烤茄泥，散放上搭配竹筴魚用的茄子條，撒上羅勒，澆淋E.V.橄欖油。

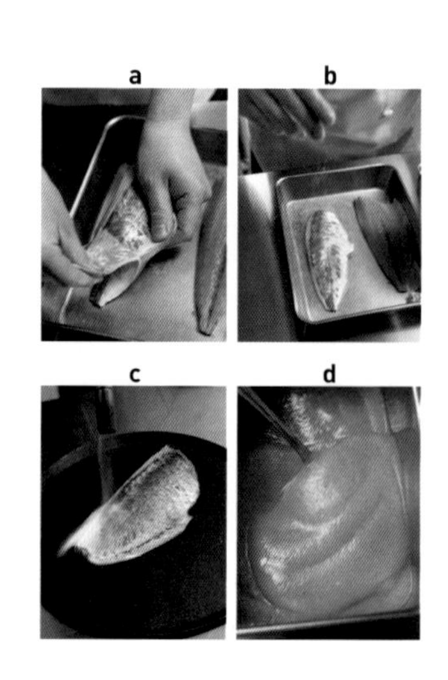

Insalata di seriola affumicata

短時間燻製鰤魚、金桔與奶油起司

僅1分鐘的短時間燻製，鰤魚帶著微微煙燻香氣製成的義式生醃冷盤。
搭配的金桔，帶著隱約甜味與溫和酸味，與燻製的魚類最為相配。

材料（2人份）
鰤魚（去皮魚片（saku））
……100g
鹽……適量
燻製用木屑（櫻木）……20g
細砂糖……5g
金桔*（切薄片）……1個
奶油起司*……20g
完成
香葉芹……適量
E.V.橄欖油……適量

*** 金桔**／改用檸檬、萊姆、柳橙的果肉與葡萄乾混拌，作為醬汁也很適合。

*** 奶油起司**／在常溫中放至柔軟。

製作方法

1 鰤魚兩面撒上鹽，靜置約15分鐘，使鹽份滲入（**a**）。

2 將燻製用的木屑和細砂糖放在鋁箔紙上，放入平底鍋中，上放網架，用大火加熱。待生煙，木屑周圍開始產生焦黃時，放上鰤魚，蓋上鍋蓋煙燻約30秒左右。翻面，再燻30秒（**b**）。
・木屑一旦與細砂糖混拌，會快速生煙，也容易在食材上呈現漂亮的色澤。

3 取出降溫（**c**）。用保鮮膜等包覆後，在冷藏室靜置一晚。

4 將鰤魚分切成1cm的厚度（**d**）。

盛盤
將鰤魚排放在盤上，撒放金桔。放上略微攪拌過一口大小的奶油起司。撒上香葉芹，澆淋E.V.橄欖油。

Tartara di capesante

帆立貝、秋葵、酸豆韃靼

生肉或生魚與辛香蔬菜、調味料一起切碎混拌出黏性，攤平盛盤的就是韃靼。
也可說是改變形狀的義式生醃冷盤吧。
第一道就是活用秋葵黏稠度，帆立貝的韃靼。

材料（2人份）
帆立貝的貝柱 …… 80g
秋葵 …… 4個
酸豆（醋漬）…… 1小匙
鹽 …… 適量
檸檬汁 …… ¼個
E.V.橄欖油 …… 適量
完成
蒔蘿葉、香葉芹 …… 各適量
E.V.橄欖油 …… 適量

製作方法

1 貝柱切成5mm大小的方塊（**a**）。

2 切除秋葵的硬萼，用鹽水煮約1分鐘30秒，保留口感的柔軟度。瀝乾水份，切成寬3mm左右的圓片狀。

3 在缽盆中放入貝柱、秋葵、酸豆（**b**）、鹽、檸檬汁、E.V.橄欖油（**c**），混拌至產生黏稠（**d**）。

盛盤

盛盤，撒上撕碎的蒔蘿葉和香葉芹，澆淋E.V.橄欖油。

Tartara di tonno
鮪魚韃靼、蛋黃松露油

鮪魚是海鮮類韃靼最具代表性的食材。使用牛肉韃靼固定搭配的蛋黃，混拌與雞蛋極為合拍的松露油。略微濃稠的程度恰好入口，再加上鮪魚的風味，獨具特色。

材料（2人份）
鮪魚（赤身去皮魚片（saku））…… 100g
蛋黃 …… 1個
松露油＊ …… 4～5滴
鹽 …… 少量
完成
菊苣（endive）…… 4片
平葉巴西里（粗略切碎）…… 適量

＊**松露油**／增添了白松露香氣的E.V.橄欖油。也可以用具刺激性風味強烈的E.V.橄欖油來代用。
＊也可以在鮪魚韃靼中添加切成小碎丁的燙煮蔬菜。

製作方法

1 用刀子將鮪魚切成小塊，再充分細細剁碎（**a**）。
・雖然大小的程度可依個人喜好，但細細剁碎時口感較為滑順，也比較能入味。

a

2 在缽盆中放入鮪魚、鹽、蛋黃、松露油（**b**）。用湯匙混拌至全體產生黏稠為止。

b
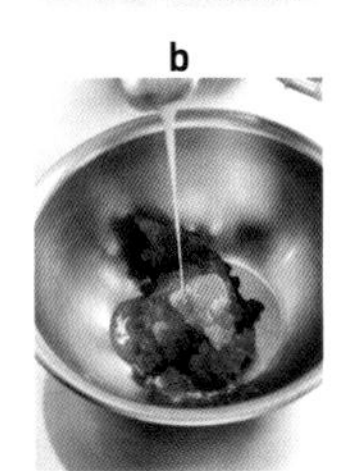

盛盤
將鮪魚韃靼盛放在菊苣上，一起盛盤。缽盆中若有殘餘的蛋黃松露油時，可澆淋在韃靼上，撒上平葉巴西里。

Fedelini freddi alla checca con orata
真鯛與新鮮番茄的冷製細麵

以真鯛韃靼作為冷製義大利麵醬汁的美味前菜。切細的真鯛與橄欖油、番茄一起確實混拌，產生的黏性能包裹住義大利麵，使其融為一體更添美味。

材料（2人份）
細麵Fedelini（直徑1.4mm）…… 80g
鹽 …… 熱水的1％煮麵湯汁用
真鯛（去皮魚片（saku））…… 80g
水果番茄＊（5mm方塊））…… 50g
鹽、E.V.橄欖油　各適量
完成
芽菜（紫甘藍）…… 少量
E.V.橄欖油 …… 適量

冷卻義大利麵的冰水 …… 適量

＊**水果番茄**／熱水汆燙去皮，去籽。

a
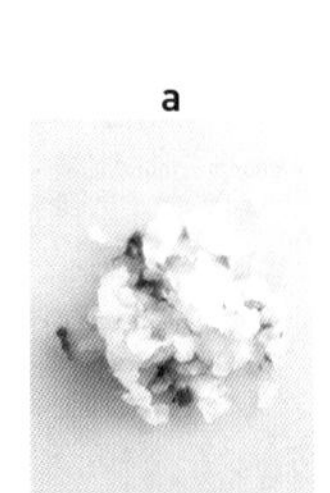

b

製作方法

1 真鯛切薄片，一半用鹽和少量橄欖混拌，一半剁碎（**a**）。

2 在缽盆中放入切碎的真鯛和水果番茄，撒上鹽混拌。倒入½大匙的E.V.橄欖油，確實混拌。

3 用加鹽熱水煮細麵7分10秒。
・冷製細麵在燙煮後，因為要用冰水緊實麵體，會再恢復硬度，所以較標示時間要煮得更柔軟。

4 瀝乾燙煮完成的細麵，放入冰水中冷卻（**b**）。瀝乾水份，用廚房紙巾包覆確實擰乾水份。

5 將細麵放入裝有真鯛的缽盆中，加入½大匙的E.V.橄欖油，充分混拌至產生黏稠為止。

盛盤
將細麵盛盤，澆淋上殘餘的醬汁。將薄片的真鯛片排放後，用芽菜裝飾，再澆淋E.V.橄欖油。

Insalata

沙拉

豪邁且豐富盛盤的經典菜色

Insalata di frutti di mare

海鮮沙拉

現在，提到製成沙拉的海鮮料理，就如同義式生醃冷盤（carpaccio）般鎖定魚貝類，用蔬菜、調味料、醬汁搭配成各式各樣的組合，就是主流。在義大利，自傳統以來就使用貝類、甲殼類、烏賊、章魚、魚類等，將豐盛的海鮮類自由地組合盛盤的沙拉，稱作「Insalata di frutti di mare」，幾乎不加蔬菜，僅用生鮮或燙煮、蒸煮的海鮮類，搭配檸檬汁、橄欖油、鹽，清爽調味。簡單的調味，卻又能同時享受到豐富海鮮風味變化的一道菜。並非單純地排放食材澆淋調味料，而是確實地混拌全體，藉由調味使風味滲入其中，整體產生多層次的美味。

材料（4人份）

槍烏賊（p.134）…… 50g
螢烏賊（燙煮）…… 12隻
章魚（燙煮。p.134）…… 50g
日本對蝦＊ …… 4隻
花蛤 …… 4個
蛤蜊 …… 4個
白貝＊ …… 4個
淡菜 …… 4個
日本鳳螺 …… 4個
鮪魚（赤身）…… 50g
白肉魚 …… 50g
苦苣＊ …… 1小撮
平葉巴西里（略切）…… 少量
檸檬 …… ¼個
大蒜（壓碎）…… 1又½瓣
E.V.橄欖油 …… 少量
鹽 …… 少量

＊**日本對蝦**／留下頭尾地剝除蝦殼。蝦的種類無論哪種都可以。

＊**白貝**／又名皿貝、萬壽貝等。其特徵為白色外殼和約寬7～8cm的扁平形狀。

＊**苦苣**／用冰水沖洗至爽脆，用廚房紙巾包覆吸去水份。

製作方法

1 槍烏賊切成寬5mm的圓圈狀，用含鹽熱水急速汆燙再放入冰水中（**a**）。鮮蝦也用相同的熱水迅速汆燙後放入冰水中（**b**）。之後一起使用廚房紙巾吸去水份。

2 花蛤、蛤蜊、白貝、淡菜放入平底鍋中，加少量的水蓋上鍋蓋，以大火加熱。蒸煮至開殼為止。連同貝殼一起取出，煮汁取出備用。

3 日本鳳螺用煮沸的熱水煮約5分鐘後取出，取出螺肉分切為二。完成預備處理的貝類（**c**）。

4 鮪魚切成略厚片，白肉魚切成薄的生魚片形狀。

5 在缽盆中放入貝類之外的材料，撒上鹽。加入檸檬汁、大蒜、E.V.橄欖油，再放入**2**的煮汁（2大匙），充分混拌。

6 苦苣撕成小片，連同平葉巴西里一起加入材料缽盆中，充分混拌，最後加入貝類混拌。

盛盤

除去大蒜，漂亮地盛放在大盤中。

a

b

c

改變盛盤的型態

上：葉菜、香草嫩葉、蔬菜嫩芽、食用花的種類非常豐富。柔軟且溫和的風味能烘托出料理的美麗色澤。

時髦呈現的海鮮沙拉。雖然與經典海鮮沙拉使用相同的海鮮，但貝類為了方便食用而去殼，精簡袖珍地呈現，以蔬菜芽菜（Microgreens）和食用花的組合，優雅的盛盤。

Insalata di calamari bolliti

水煮槍烏賊沙拉

烏賊是一種即使生食也非常美味的食材，但以熱水略微汆燙更容易入味，適合用於沙拉。
放入熱水中混拌一下的程度稍稍受熱，更能呈現甘甜及柔軟口感。在溫熱時調味，可以讓風味充分滲入。

材料（2人份）
槍烏賊＊（p.134）…… 1隻
綠花椰菜 …… ⅙個
甜椒（紅、黃）…… 各1個
櫻桃蘿蔔 …… 2個
西瓜蘿蔔（紅芯大根）＊ …… ¼個
紅酒醋 …… 1大匙
E.V.橄欖油 …… 適量
鹽 …… 適量
完成
平葉巴西里葉 …… 2片

＊雖然烏賊不分種類皆可，但槍烏賊較為柔軟適合用於沙拉。

＊**西瓜蘿蔔（紅芯大根）**／小顆且圓的蘿蔔，內側是鮮艷的紅色。辣味較少、口感佳，是很適合生食的種類。

製作方法

1 剝除槍烏賊身體的表皮，切成寬1cm的圈，足部各以3～4根分切。在煮沸的熱水中加入鹽，放入槍烏賊，略混拌一下（**a**）。立刻取出至濾網上（**b**），以廚房紙巾拭去水份（**c**）。

2 綠花椰菜和甜椒切成與槍烏賊類似的大小，櫻桃蘿蔔和西瓜蘿蔔切薄片。從不容易受熱的食材開始依序（西瓜蘿蔔、甜椒、綠花椰菜、櫻桃蘿蔔）地放入燙煮烏賊的煮汁中，燙煮至殘留口感的軟度。取出至濾網上瀝乾水份。

• 蔬菜或烏賊的大小相仿時，可以使整體呈現均衡的風味。

3 在缽盆中放入槍烏賊和蔬菜（**d**）。在仍溫熱時加入鹽和紅酒醋混拌，加入E.V.橄欖油，再次充分混拌。

盛盤

盛盤，搭配平葉巴西里。

• 剛製作完成常溫享用十分美味。過度冷卻時槍烏賊會變硬，風味較差。

a

b

c

d

Insalata di polpo affumicato

煙燻章魚與黑橄欖

就如同煙燻鮭魚般燻製的烹調方法，很適合用於海鮮類。在此將燙煮過的章魚以燻製方式增添香氣，再製成沙拉。兩面分別短時間燻製3分鐘左右。放置一晚更能讓燻香滲入食材。

材料（2人份）
章魚腳 （燙煮過。p.134）
…… 2條（180g）
燻製用木屑（櫻木）…… 20g
細砂糖 …… 5g
黑橄欖（去核）…… 50g
芹菜（切成寬5mm的小圓片）
…… 40g
水果番茄＊（切成月牙薄片）
…… 40g
酸豆（醋漬）…… 2小匙
義大利平葉巴西（略切）…… ½小匙
檸檬汁 …… 1小匙
鹽 …… 適量
完成
檸檬（圓切片）…… 1片
芹菜（葉片）…… 3～4片

＊水果番茄 / 汆燙去皮，去籽。

製作方法

1 在平底鍋中舖放鋁箔紙，放入燻製用木屑和細砂糖後置放網架，以大火加熱。待生煙後，擺放章魚（**a**）。蓋上鍋蓋後燻製1分鐘30秒（**b**），翻面再燻1分30秒。取出後，降溫。

• 燻製後會成為淡茶色，但若覺得顏色太淡時，可以加長燻製時間。

2 章魚切成一口大小，放入缽盆中，加入黑橄欖、芹菜、水果番茄、酸豆、平葉巴西里，淋上檸檬汁和鹽，充分混拌。

盛盤

盛盤，將檸檬片切成4等分，連同芹菜葉一起盤飾。

略呈焦糖色的燻製章魚。除了黑橄欖之外，還搭配了切成相同大小的芹菜和水果番茄。

a

b

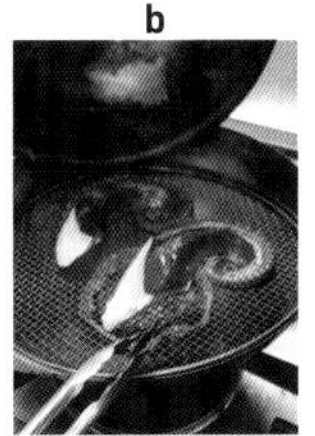

Fritto

Fritto，是油炸料理的總稱。直接油炸、撒上麵粉、沾裹麵包粉、像天麩羅般裹著柔軟麵衣，油炸方法有各種類型。海鮮類的經典菜色是烏賊、鮮蝦、小魚，但白肉魚或青背魚當然也是美味的油炸食材。海鮮類和麵衣的組合搭配，也有非常豐富的變化。

基礎

Fritto misto di mare
酥炸綜合海鮮

在店內提供的炸物，基本上是沾裹著天麩羅般的麵衣。使用酒取代水份，是義大利很受歡迎的配方。膨鬆柔軟的麵衣更添風味，增加的膨鬆感連外觀看起來都倍覺美味。

材料（2人份）
槍烏賊（剝除外皮切成圈狀。p.134）······ 40g
日本對蝦（已剝除蝦殼）······ 3隻
丁香魚 ······ 4條
大眼青目魚 ······ 2條
白肉魚（一口大小）······ 40g
低筋麵粉 ······ 適量
炸油 ······ 適量
麵衣
低筋麵粉 ······ 150g
鹽 ······ 1小撮
酵母（乾燥）······ 1g
啤酒 ······ 240ml
完成
鹽 ······ 適量
檸檬（月牙形）······ ¼顆
平葉巴西里 ······ 2枝

小魚和鮮蝦為整條、烏賊和白肉魚切成一口大小，就是適合油炸的尺寸。

1 製作麵衣。在缽盆中放入低筋麵粉、鹽、酵母。

2 少量逐次地加入啤酒，邊用攪拌器緩慢地混拌。

• 也會用白酒來取代啤酒。

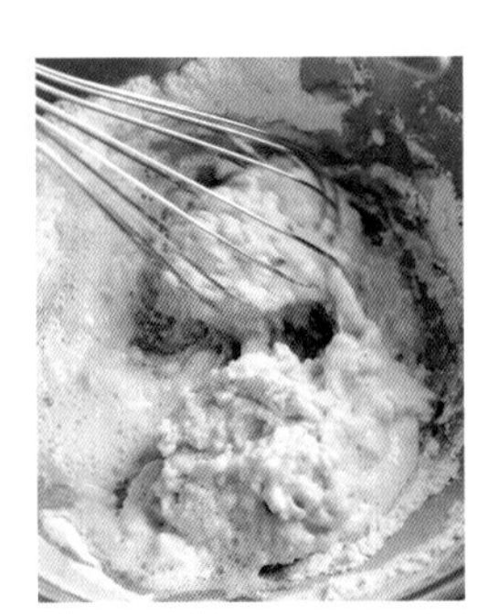

3 啤酒全部加入後的階段，仍殘留著少許粉粒。

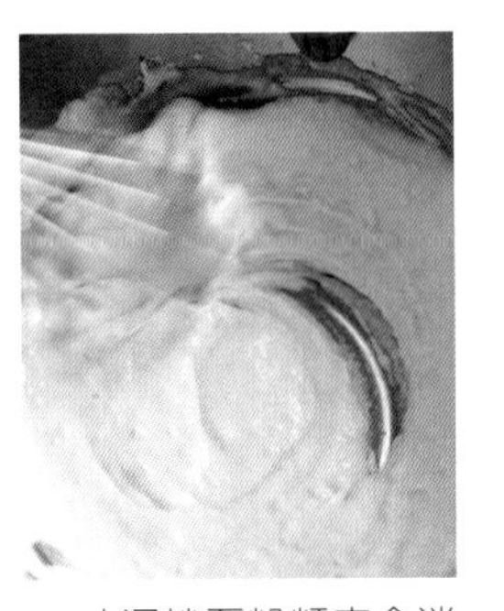

4 混拌至粉類完全消失，成為滑順之狀態，麵衣即已完成。

5 擦乾水份，在沾裹麵衣前先薄薄地撒上低筋麵粉。可以使麵衣均勻並吸收水份，如此就能酥脆地完成油炸。

6 放入**4**的麵衣中沾裹。

7 各別將每種食材放入170°C的高溫炸油內，油炸至完全受熱。

8 用網杓撈出並瀝乾油脂。

9 放在廚房紙巾上，吸去油脂，略撒上鹽。搭配盛盤，擺放上檸檬和平葉巴西里。

Fritto di pesce alla semola
沾裹杜蘭小麥粉的酥炸小魚

在義大利，除了低筋麵粉之外，也經常利用杜蘭小麥粉或蕎麥粉來製作油炸物。
特別是杜蘭小麥粉，粒子較低筋麵粉粗且鬆散，因此容易均勻沾裹，同時也能油炸出酥脆的麵衣更是優點。

材料（2人份）
丁香魚……6條
大眼青目魚……3條
杜蘭小麥粉（Rimacinata＊）
……適量
炸油……適量
完成
檸檬……1/8個

＊ **Rimacinata** ／杜蘭小麥粉當中，粒子細的型號。使用粗粒的也可以。

製作方法

1 拭乾丁香魚、大眼青目魚的水份，將杜蘭小麥粉攤放在方型淺盤上（**a**）。

2 在小魚上沾裹杜蘭小麥粉（**b**）。

3 放入170℃的炸油中，油炸至完全受熱。

4 以網杓撈起，利用廚房紙巾吸去油脂。撒上鹽，盛盤佐以檸檬。

a

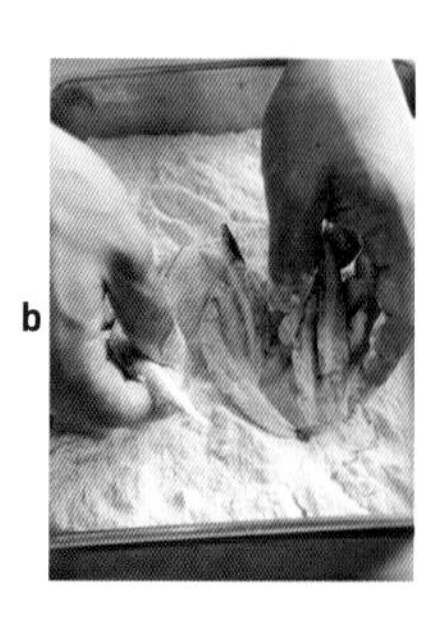
b

應用

Fritto di calamari all'alga "Aonori"

青海苔麵衣酥炸槍烏賊

基本的啤酒麵衣中，加入青海苔，使膨鬆的麵衣充滿海味。在店內雖然是用於帆立貝和牡蠣，但也可以自由地以其他海鮮類替換。也可用新鮮的香草、咖哩粉、孜然等香料混入麵衣中。

材料（2人份）

槍烏賊（切成圈狀。p.134）……1條

低筋麵粉……適量

炸油……適量

麵衣

低筋麵粉 75g

鹽……1小撮

酵母（乾燥）……0.5g

啤酒……100ml

青海苔（生鮮）……100g

完成

鹽……適量

製作方法

1 與p.25同樣地在缽盆中放入低筋麵粉、鹽、酵母，邊加入啤酒邊用攪拌器混拌製作麵衣。

2 加入青海苔（**a**），用攪拌器充分混拌使青海苔均勻分散（**b**）。

• 新鮮的青海苔容易固結，所以要加入已經混拌成滑順狀態的麵衣中。

3 在槍烏賊的表面薄薄地撒上低筋麵粉，裹上麵衣（**c**）。在170℃的炸油中，油炸至完全受熱。

4 以網杓撈起，利用廚房紙巾吸去油脂。略撒上鹽，盛盤。

a

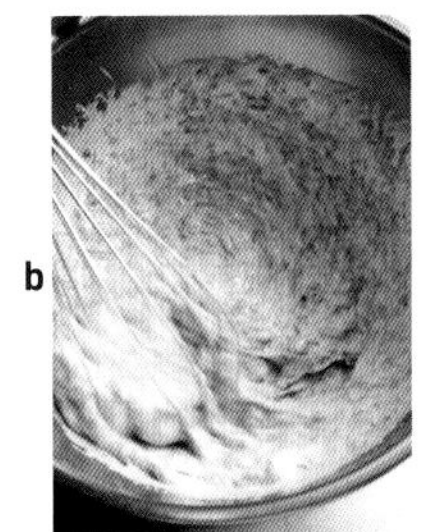
b

c

Fritto di "Sanma" arrotolato di radice di bardana

酥炸牛蒡捲秋刀魚、佐小扁豆

Gamberi fritti con prosciutto crudo

酥炸生火腿捲鮮蝦、佐馬鈴薯泥

酥炸牛蒡捲秋刀魚、佐小扁豆

牛蒡細絲用鹽揉搓使其柔軟，包捲魚肉作為麵衣使用。用鹽揉搓可以除去苦澀，
能迅速地油炸出香脆口感是其優點。馬鈴薯、番薯、紅蘿蔔、蓮藕等也都能加以運用。

材料（2人份）
秋刀魚（三片切法）⋯⋯ 1條
牛蒡（帶皮）⋯⋯ 100g
鹽 ⋯⋯ 適量
低筋麵粉 ⋯⋯ 適量
炸油 ⋯⋯ 適量
煮小扁豆 ⋯⋯ 2大匙
小扁豆＊ ⋯⋯ 適量
鹽 ⋯⋯ 適量
完成
黑橄欖（去核。半乾燥＊）
⋯⋯ 2～3個

＊**小扁豆**／燙煮時也可添加大蒜或迷迭香、E.V.橄欖油增添風味。

＊**半乾燥黑橄欖**／不覆蓋保鮮膜，微波（500W）8分鐘左右。

製作方法

1 牛蒡切成15cm的長段，帶皮地用刨削器縱向切薄片（**a**）。直接油炸用的⅓切成細絲，其餘的撒上鹽輕輕揉搓使其柔軟。用水沖洗後確實以廚房紙巾絞乾水份。用刀子細切成2～3mm的寬度（**b**）。

2 秋刀魚的長度對半分切，兩面撒上鹽，再撒上低筋麵粉。

3 細切的牛蒡分成4等分，各別包捲住秋刀魚（**c**、**d**）。避免脫落地在全體表面撒上低筋麵粉（**e**）。

4 以170℃的炸油，油炸至秋刀魚完全熟透。另外酥炸牛蒡絲。兩者皆放在廚房紙巾上吸去油脂，在油炸秋刀魚表面略撒上鹽。

5 ＜**煮小扁豆**＞將小扁豆放入足以浸泡全量的水中（份量外），加鹽以大火加熱。煮至沸騰後，轉為中火煮約20分鐘，煮至即將崩散的柔軟度。

盛盤
在盤中舖放煮小扁豆（每盤約1大匙），再擺放炸秋刀魚卷。搭配酥炸牛蒡絲，邊刨下黑橄欖邊撒在盤中。

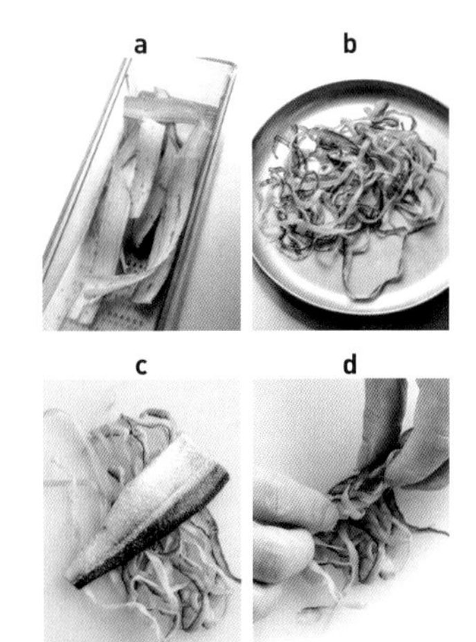

• 小扁豆咕嚕咕嚕地用鹽煮至柔軟，像醬汁般邊蘸取邊食用。在本店內，會佐上用奶油拌炒的秋刀魚內臟作為醬汁。

酥炸生火腿捲鮮蝦、佐馬鈴薯泥

用啤酒麵衣油炸鮮蝦的組合。在沾裹麵衣之前先用生火腿包捲鮮蝦，增加鹹香美味。
以風味樸質的馬鈴薯泥取代醬汁。

材料（2人份）
日本對蝦（已剝除蝦殼）⋯⋯ 6條
生火腿＊（薄片）⋯⋯ 6片
低筋麵粉 ⋯⋯ 適量
麵衣（p.25）⋯⋯ 適量
鹽 ⋯⋯ 適量
羅勒 ⋯⋯ 6片
炸油 ⋯⋯ 適量
馬鈴薯泥
馬鈴薯（切薄片）⋯⋯ 1個
洋蔥（切薄片）⋯⋯ ¼個
鹽 ⋯⋯ 適量
E.V.橄欖油 ⋯⋯ 適量
水 ⋯⋯ 適量

＊**生火腿**／若是大的橢圓薄片，則切成可包捲1隻鮮蝦的大小，預備6片。

製作方法

1 在鮮蝦表面撒上鹽，每隻都用生火腿包捲（**a**）。薄薄地撒上低筋麵粉，沾裹麵衣，以170℃的炸油，油炸至蝦鮮完全熟透（**b**）。用廚房紙巾上吸去油脂。

2 羅勒充分拭乾水份後直接油炸（炸油容易噴濺所以要注意）。

3 ＜**馬鈴薯泥**＞用E.V.橄欖油拌炒洋蔥，待炒至洋蔥變軟後，加入馬鈴薯拌炒。待全體沾裹上油脂後，撒上鹽，加入足以覆蓋食材的熱水，煮至馬鈴薯變軟為止。將馬鈴薯和洋蔥放入食物料理機內，適度地調整加入煮汁以攪打出適當的濃度，製作成馬鈴薯泥。

盛盤
在盤中舖放馬鈴薯泥，再放炸鮮蝦與炸羅勒。

Pasta
義大利麵

海鮮類的義大利麵當中，白酒花蛤直麵是最具代表性的貝類義大利麵，
貝類、烏賊、章魚、鮮蝦等豐富食材組合的什錦海鮮寬管麵，
還有混拌了墨魚汁或烏魚子、海膽等珍貴海味，
簡單烹調的義大利麵都很受歡迎。
較包裝上的標準燙煮時間縮短30秒至1分鐘，
使其能充分地混拌醬汁並受熱，就是製作的要領。
這樣可以讓風味充分滲入義大利麵中，整合全體的風味。

基礎

Spaghetti alle vongole in bianco

白酒花蛤直麵

白酒花蛤直麵的醍醐味，就是花蛤本身所擁有的美味及Q彈的口感。過度加熱時，蛤肉會變硬，也會縮小，所以在煮至開殼後，先將其取出備用，直麵和煮汁充分混拌融合後再加回吧。

材料（1人份）
直麵Spaghetti（直徑1.6mm）
…… 80g
鹽 …… 煮麵用熱水的1%

花蛤 …… 大型10個（小型則15個）
大蒜（壓扁）…… 1瓣
紅辣椒 …… ½根
平葉巴西里（略切）…… 適量
白酒 …… 50ml
E.V.橄欖油 …… 適量
完成
平葉巴西里（略切）…… 適量

花蛤要存放至隔天時，要使其完全浸泡至與海水鹽份濃度（約3%）相同的鹽水中，再放入冷藏室。此時，將網架擺放在方型淺盤中，再排放花蛤，就能將花蛤吐出的沙泥等沈入底部，可以更有效率地不需要再次換水進行吐沙作業。

1 在平底鍋中倒入E.V.橄欖油，放進大蒜、紅辣椒，以中火加熱。同時在另外的鍋中煮沸熱水，加入鹽後開始煮直麵。煮麵時間比標示時間略短，約6分鐘。

2 大蒜加熱至開始略略呈色，香氣滲入油脂中。

3 放入花蛤，略混拌即熄火。

• 花蛤的水份會使熱油噴濺，請務必小心。因為接下來要加入白酒，所以先熄火比較不會噴濺容易進行。

4 白酒一口氣加入。

5 立刻蓋上鍋蓋，以中火加熱。

6 不時地晃動鍋子至花蛤開殼為止。

• 因花蛤的鹽份已足夠，但仍會有所差異，所以開殼後可以嚐一下煮汁，太鹹可用水稀釋。

7 待全部開殼後，連殼一併取出。

8 煮汁留在平底鍋中，熄火，等待直麵完成燙煮。

9 直麵即將完成燙煮時，再次以中火加熱平底鍋。放入瀝乾水份的直麵。

10 接著放入平葉巴西里。

11 適量地加入E.V.橄欖油，邊用長筷混拌邊晃動平底鍋，使其入味。

• 注意麵的表面，不過度乾燥也不過度濕潤。水份不足時，可以加水，保持油和水份的比例為1：1，確實完全乳化，使醬汁容易與直麵融合。

12 直麵飽含湯汁後，放回取出的花蛤。

13 用長筷邊混拌邊晃動平底鍋，使全體充分混拌，使蓄積在花蛤外殼的水份也被麵體吸收。

14 當平底鍋中的水份完全被吸收後，即已完成。

盛盤

花蛤與直麵均勻地盛放在盤中，撒上平葉巴西里。

應用

Linguine con molluschi vari

各式貝類的細扁麵

運用4種貝類搭配新鮮番茄的清爽風味。使用細版的直麵Spaghettini也可以，但斷面呈橢圓形的細扁麵Linguine很適合用作搭配貝類的義大利麵。

材料（1人份）

細扁麵Linguine …… 80g
鹽 …… 煮麵用熱水的1%

花蛤 …… 3個　　蛤蜊 …… 3個
白貝 …… 3個　　淡菜 …… 3個
小番茄（對半切開）…… 4個
大蒜（壓扁）…… 1瓣
紅辣椒 …… ½根
平葉巴西里（略切）…… 適量
白酒 …… 50ml
E.V.橄欖油 …… 適量

製作方法

1 將細扁麵放入熱鹽水中煮約8分鐘。

2 在平底鍋中倒入E.V.橄欖油，放進大蒜、紅辣椒，以中火加熱。

3 大蒜加熱至開始略略呈色後，放入4種貝類（花蛤、蛤蜊、白貝、淡菜），略混拌即熄火。加入白酒，蓋上鍋蓋，以中火加熱。

4 待貝類開殼後取出，平底鍋中放入小番茄略加熬煮。熄火等待細扁麵完成燙煮。

5 用中火加熱**4**，放入瀝乾煮汁的細扁麵。加入少量的E.V.橄欖油後，用長筷混拌約2分鐘左右，並同時晃動平底鍋使其入味。

6 待細扁麵飽含湯汁後，放回取出的貝類混拌全體，撒上平葉巴西里混拌。

盛盤

將貝類⅔量盛放在盤中，再擺放上細扁麵以及其餘貝類。

● 梭子蟹的預備處理

1

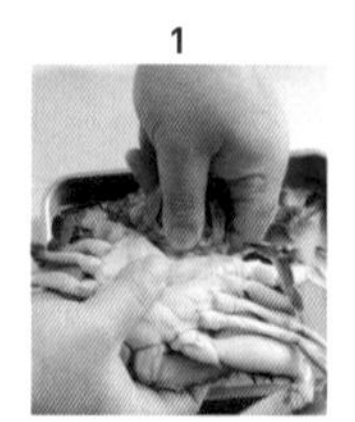

先用水將梭子蟹清洗乾淨。先取下腹部下方三角形狀的蟹殼。

2

從連結處抓握外側蟹殼，用力拉開卸下。

3

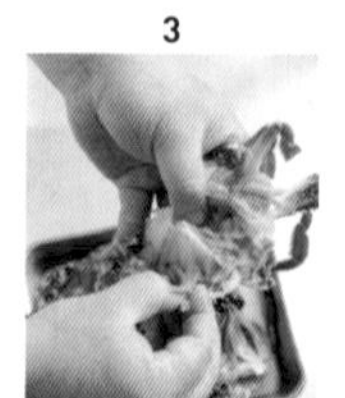

取下身體部分左右兩側灰色皺摺狀的鰓。

4

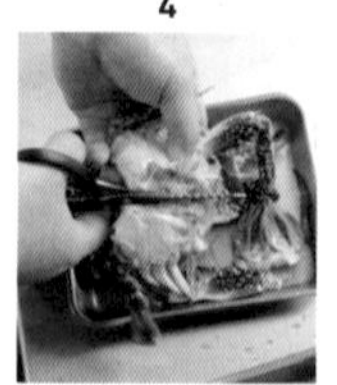

以烹調用剪刀，將身體以十字狀剪開，成為方便食用的大小。

5

切下蟹足前端的部分，用刀子在下方足節側面劃入切口。用刀子薄薄地切下靠近身體的足節內側柔軟蟹殼。其餘與身體相連較細的蟹足，則用剪刀剪出切口。

6

處理完成的梭子蟹。蟹殼也會釋出美味及香氣，所以請一起烹調，也可作為盛裝使用。

Spaghetti al granchio

梭子蟹直麵

提到適合義大利麵的蟹類，首推甲殼也能釋放出濃郁美味的梭子蟹。
可以切成適合食用的大小，並連同蟹殼一起炒、再用番茄燉煮，即可完成具獨特螃蟹香氣和濃郁風味的醬汁。
與義大利麵混拌時，取出螃蟹僅用醬汁確實地混拌使其吸收美味，就是製作重點。盛盤時再擺放蟹肉和蟹殼。

材料（1人份）
直麵Spaghetti …… 80g
鹽 …… 煮麵用熱水的1%

梭子蟹＊ …… 1隻（約230g）
大蒜（壓扁）…… 1瓣
紅辣椒 …… ½根
白蘭地 …… 2大匙
水煮番茄（罐頭）…… 250g
鹽 …… 適量
E.V.橄欖油 …… 適量
平葉巴西里（略切）…… 適量
完成
平葉巴西里（略切）…… 適量

＊**梭子蟹**／儘可能使用大型蟹。蟹肉較豐滿且能釋出強烈的美味。

製作方法

1 在平底鍋中倒入E.V.橄欖油，放進大蒜、紅辣椒，以中火加熱（**a**）。加熱至大蒜開始略略呈色，香氣滲入油脂中。

2 將處理好的梭子蟹和蟹殼一起放入（**b**）。用木杓邊按壓邊拌炒，提引出美味及香氣（**c**）。鍋底會略微產生焦化，所以要邊刮落底部的焦化處邊進行拌炒。

3 同時在另外的鍋中煮沸熱水，加入鹽後開始煮直麵。煮麵時間比標示時間略短，約6分鐘。

4 待螃蟹散發香氣後，放入白蘭地（**d**）。熬煮至酒精揮發，在放入番茄前可添加少量的水稀釋醬汁（**e**）。

5 放入水煮番茄後改以大火，邊搗壓番茄邊熬煮至恰如其分的濃度（**f**、**g**）。用鹽調整風味，熄火，待直麵完成燙煮。

6 在直麵完成燙煮約1分鐘前，先將螃蟹取出至方型淺盤置於溫熱處（**h**）。其餘的醬汁若熬煮至過少時，可添加少量的水，邊刮落底部邊稀釋（**i**）。

7 再次以中火加熱醬汁，放入瀝乾水份的直麵，邊用長筷混拌邊晃動平底鍋，使材料充分混拌（**j**）。加入少量的水、E.V.橄欖油、平葉巴西里，邊充分混拌邊熬煮般地使其入味，成為圓融滑順的成品。

• 最後可以放入奶油，增添醇香濃郁，可依個人喜好添加。

盛盤

盛盤後，擺放梭子蟹和蟹殼，撒上平葉巴西里。

Pasta con le sarde

沙丁魚義大利麵

熬煮成鬆散狀的沙丁魚和茴香製成的醬汁，是西西里最具代表性的義大利麵。
相較於像直麵Spaghetti這樣長條的義大利麵，中芯空洞的粗短義大利麵更能與醬汁融合，倍增美味。
沙丁魚與蔬菜拌炒前先將表面烘烤過，可以呈現出無腥味的優雅風味。

材料（2人份）
線條管麵Rigatoni ＊ …… 120g
鹽 …… 煮麵用熱水的1%

沙丁魚（三片切法。p.133）…… 6片
洋蔥（切碎）…… ½個
茴香（枝幹的部分，切細絲）…… 30g
茴香葉 …… 15g
番茄＊（切成小塊）…… 1個
松子＊ …… 10g
番紅花 …… 1小撮
E.V.橄欖油 …… 適量
鹽 …… 適量

完成
茴香葉 …… 少量

＊ **線條管麵 Rigatoni** ／除此之外，通心麵Maccheroni（macaroni）、中空細管麵Zita tagliata等也適合。

＊**番茄**／熱水汆燙去皮，去籽。

＊**松子**／用160℃的烤箱烘烤5分鐘。

製作方法

1 沙丁魚帶皮直接在兩面撒上鹽（**a**）。

2 在平底鍋中倒入E.V.橄欖油和洋蔥，以中火拌炒。拌炒至洋蔥變軟釋放出甜味。

3 茴香葉用熱水燙煮約30分鐘至柔軟為止（**b**）。

4 在另外的鍋中煮沸熱水，加入鹽後開始煮線條管麵。煮麵時間比標示時間略短，約8分鐘。

5 在另外的平底鍋中放入E.V.橄欖油以中火加熱，香煎沙丁魚的兩面。香煎至沒有魚腥味、呈現烤色並散發香氣（**c**）。
• 之後要搗碎魚肉使其細碎，所以煮至崩散也沒關係。

6 在鍋中放入**2**的洋蔥和香煎過的沙丁魚，邊用木杓壓碎全體，並混合拌炒使風味融合（**d**）。依序加入茴香枝、番茄、松子，每次加入後都拌炒至均勻（**e**、**f**、**g**）。

7 將**3**的茴香葉絞乾水份，切成段。放入**6**的鍋中（**h**），混合拌炒。加入燙茴香葉的熱水至覆蓋材料為止（**i**），加入番紅花。用中火將茴香枝煮至柔軟，之後再略加熬煮（**j**、**k**）。

8 線條管麵完成燙煮後，瀝乾水份加入充分混拌（**l**）。用鹽調整風味。

盛盤
盛盤，撒上新鮮的茴香葉。

Spaghetti ai ricci di mare

海膽直麵

大多搭配鮮奶油或用於冷製的海膽義大利麵，
在此搭配的是將海膽融化在蒜香熱橄欖油中製成醬汁，能直接傳遞出海膽的甜味。
一旦過度加熱會使海膽變得乾燥，以最迅速的程度混拌受熱融合，滑順的口感就是最大的重點。

材料（1人份）
直麵Spaghetti …… 80g
鹽 …… 煮麵用熱水的1%

海膽（新鮮）…… 50g
大蒜 …… 1瓣
紅辣椒 …… ½根
E.V.橄欖油 …… 適量
細香蔥（切成小圓片）…… 2大匙
鹽 …… 適量

完成
海膽（新鮮）…… 5片
細香蔥（切成小圓片）…… 少量

製作方法

1 在鍋中煮沸熱水，加入鹽後開始煮直麵。煮麵時間比標示時間略短，約6分30秒。

2 在平底鍋中倒入E.V.橄欖油，放進大蒜、紅辣椒，以中火加熱（**a**）。加熱至大蒜開始淡淡地呈色，香氣滲入油脂中。取出大蒜和紅辣椒。

3 加入90ml的煮麵湯汁，降低溫度（**b**、**c**）。熄火待直麵完成燙煮。

4 在直麵完成燙煮約30秒前，以中火加熱，並加入海膽（**d**），用橡皮刮刀邊按壓邊使其融合（**e**）。待產生稠濃，海膽多少仍留有顆粒的狀態即可停止（**f**）。

5 放入瀝乾水份的直麵，迅速混拌（**g**）。放入細香蔥（**h**）、撒入E.V.橄欖油和鹽。熄火，以橡皮刮刀邊混拌邊晃動平底鍋，使材料充分入味（**i**）。水份不足時，可補充少量水份混拌。

盛盤

盛盤後，擺放完成用的海膽和細香蔥。

Spaghetti alla bottarga

烏魚子直麵、焦化奶油醬

將粉狀烏魚子融入焦化奶油，混合沾裹義大利麵。
在本店，雖然大多使用的是蒜香橄欖油，但其實也非常適合搭配奶油。
特別是用焦化奶油製作，散發出的香氣正可抑制烏魚子的魚腥味，也能讓後韻更好。
烏魚子是鹽漬品，因此醬汁中不添加鹽也風味十足。

材料（1人份）
直麵Spaghetti …… 80g
鹽 …… 煮麵用熱水的1%

烏魚子（粉狀）…… 20g
奶油＊ …… 30g
完成
烏魚子（粉狀）…… 5片
平葉巴西里（略切）…… 適量

＊**奶油**／為使能迅速融化地切成小方塊。

使用市售的粉狀烏魚子（義大利文為bottarga），烹調上比較簡單。固態的烏魚子，則刨下後使用。

製作方法

1 在鍋中煮沸熱水，加入鹽後開始煮直麵。煮麵時間比標示時間略短，約6分30秒。

2 在平底鍋中放入奶油，以中火加熱使其融化（**a**、**b**）。再加熱至呈茶色，製作成焦化奶油。加入少量的水降低溫度，以防止過度焦化（**c**、**d**）。

3 放入烏魚子（**e**），並加入90ml的水，使其迅速混拌融入（**f**、**g**）。熄火，待直麵完成燙煮。

• 烏魚子粉會吸收水份結塊， 因此用水略加稀釋。 烏魚子的鹹味較強，所以添加水份時不用煮麵湯汁而用水。

4 以中火加熱平底鍋，放入瀝乾水份的直麵，用長筷迅速混拌（**h**）。再次加入少量的水（**i**），混拌並晃動平底鍋，使材料充分入味。

盛盤
盛盤後，撒上烏魚子粉和平葉巴西里。

Paccheri alla pescatora

什錦海鮮寬管麵

混合各式海鮮類以番茄燉煮，是一道大家熟悉的義大利麵。
貝類帶殼蒸煮，鮮蝦、烏賊、帆立貝則香煎揮發水份，
搭配濃縮了美味的醬汁，是一道優雅美味的什錦海鮮。
雖然大部分會用直麵Spaghetti來製作，但也很適合像寬管麵 Paccheri般中空的義大利麵。

材料（1人份）
寬管麵Paccheri …… 60g
鹽 …… 煮麵用熱水的1%

日本對蝦＊（帶頭連殼）…… 2隻
槍烏賊（切圓片。p.134）…… 2片
花蛤 …… 4個
淡菜 …… 2個
帆立貝的貝柱（p.13）…… 2個
水煮番茄（罐頭）…… 200g
大蒜 …… 1瓣
紅辣椒 …… ½根
白酒 …… 250ml
E.V.橄欖油 …… 適量
鹽 …… 適量

完成
平葉巴西里（略切）…… 適量

＊**日本對蝦** / 帶殼，背部縱向劃開。

必須要有能產生濃郁風味的甲殼類，和釋出較多美味成分的帶殼貝類，幾個種類的組合。也可以加入烏賊和白肉魚。

製作方法

1 在鍋中煮沸熱水，加入鹽後開始煮寬管麵。煮麵時間比標示時間略短，約15分鐘。

2 在平底鍋中倒入E.V.橄欖油，放進大蒜、紅辣椒，以中火加熱（**a**）。加熱至大蒜開始淡淡地呈色，香氣滲入油脂中。取出大蒜和紅辣椒。

3 放入花蛤和淡菜，略混拌後熄火，加入白酒（**b**）。蓋上鍋蓋以中火加熱，使食材稍加受熱。

4 加入70ml左右的水（**c**），蓋上鍋蓋加熱至開殼（**d**）。

5 放入水煮番茄混拌（**e**），番茄溫熱後，取出花蛤和淡菜（**f**）。將其餘的醬汁熬煮至恰到好處的濃度（**g**）。

6 在另外的平底鍋中倒入E.V.橄欖油，放入日本對蝦、槍烏賊、帆立貝的貝柱，撒上鹽煎至散發香氣（**h**）。

7 將**6**移至**5**的番茄醬汁中，平底鍋中加入少量的水溶出香煎的汁液（**i**）。並將此加入醬汁中（**j**），熬煮至產生濃度但海鮮類的肉質不致緊縮的程度，以釋出美味成分。放回花蛤和淡菜，用鹽調整風味（**k**）。

8 放入瀝乾水份的寬管麵，用長筷迅速混拌，視需要加入少量的水、E.V.橄欖油，混拌並晃動平底鍋，使材料充分入味。

盛盤
盛盤後，撒上平葉巴西里。

Fedelini con salsa di pomodoro fresco alla pescatora

什錦海鮮冷麵

利用冷製番茄湯風味的醬汁完成的什錦海鮮冷麵。帶著芬芳甜味的水果番茄，製成的滑順果泥不可或缺。
利用紅酒醋和橄欖油完成既濃郁又簡單的調味。
海鮮類使用的是鮮蝦、烏賊、貝類和燙煮章魚。以鹽水燙煮或蒸煮，最後搭配細麵Fedelini，
與番茄醬汁一起均勻混拌。

材料（1人份）
細麵Fedelini（直徑1.4mm）…… 40g
鹽 …… 煮麵用熱水的1%
冷卻義大利麵用的冰水 …… 適量

日本對蝦（帶頭）…… 1隻
槍烏賊（切圓片。p.134）…… 60g
燙煮章魚（切圓片。p.134）…… 40g
花蛤 …… 2個
蛤蜊 …… 2個
淡菜 …… 3個
水果番茄 …… 4個
紅酒醋 …… 10ml
E.V.橄欖油 …… 2大匙
鹽 …… 適量

完成
蔬菜嫩芽（Microgreens）（羅勒）…… 適量

冰鎮醬汁的冰水 …… 適量

製作方法

1 在鍋中煮沸熱水，加入鹽後開始煮細麵。煮麵時間比標示時間略長，約7分10秒。
• 熱製時燙煮的時間約4分鐘，但製作冷麵時，會利用冰水冷卻，導致收縮變硬。所以先充分柔軟地燙煮。

2 除去水果番茄的蒂頭，帶皮粗略分切（**a**）。放入食物料理機內攪打成果泥，過濾後移至缽盆（**b**、**c**）。在缽盆底部墊放冰水。

3 在**2**當中加入紅酒醋、E.V.橄欖油和鹽（**d**）。以橡皮刮刀充分混拌，略呈稠濃（**e**）。

4 待細麵完成燙煮後，瀝乾水份放入冰水中，搓洗般地使其充分冷卻（**f**）。用廚房紙巾包覆（**g**），確實地擰乾水份（**h**）。

5 除了日本對蝦之外的海鮮材料和細麵一起放入**3**的番茄醬汁中（**i**），充分混拌（**j**）。最後放入鮮蝦，略略混拌。

盛盤

用叉子或長筷捲起細麵盛盤，再盛放醬汁和海鮮。撒上食用羅勒嫩芽就完成美麗的擺盤了。
• 先盛放細麵，再澆淋上添加了魚貝類的醬汁，就能完成漂亮的盛盤了。

食材的海鮮類。日本對蝦、槍烏賊用鹽水燙煮，貝類帶殼蒸煮後剝出貝肉（p.21）。章魚燙煮至軟，切成適合咀嚼的圓片狀。

Risotto
燉飯

利用不斷添加的高湯將拌炒過的生米煮成燉飯。
高湯緩緩加入熬煮，
因此用在海鮮類燉飯時，使用的不是容易產生特殊風味的海鮮高湯，
而是風味清爽的蔬菜高湯。配料的食材也鎖定使用較小的種類，
是最簡單的基本原則。

基礎

Risotto ai gamberi e pis

鮮蝦青豆仁燉飯

將米和青豆仁的傳統湯品「 Risi e bisi 」應用在燉飯上。
最後不使用起司或油，使其不黏稠地呈現水份略多的完成狀態。
海鮮類用的是很適合搭配豆類的鮮蝦。各別拌炒，後半加入燉飯中能增加口感以及風味。

材料（1人份）
米（Carnaroli＊）…… 60g
日本對蝦（蝦肉。2～3等分）
…… 2隻
青豆仁 …… 30g
奶油 …… 15g
鹽 …… 適量
蔬菜高湯＊（下記專欄）
…… 約500ml
E.V.橄欖油 …… 適量

＊**Carnaroli**／義大利米的品種之一。黏度較日本米低，可以保持較長的彈牙（al dente）狀態，適合用於燉飯的米。

＊**蔬菜高湯**／預備熱的高湯。

1 在鍋中放入奶油以中火加熱，開始融化時立刻放入米。
• 奶油完全融化後才加米，會因奶油的焦化而在燉飯上呈現焦色。

2 用木杓均勻無遺漏地拌炒。
• 鍋底邊緣很容易堆積米粒而燒焦，必須多加留心。開口較大的鍋子比較方便木杓大動作地攪動，也會比較容易攪動邊緣處。

3 奶油釋出水份開始咕嚕咕嚕地沸騰，避免燒焦地持續拌炒。

4 待米溫熱後加入青豆仁，持續拌炒至青豆仁變熱。

5 加入第1次高湯，比淹沒食材再更多一點。最初約是100ml。
• 務必使用熱的高湯。若是冷高湯則需更多時間加熱，在味道滲入米飯前就先過度熬煮了。

6 保持微微沸騰地熬煮。
• 最初若使用木杓混拌，黏度釋出較多會產生沾黏，為避免黏在鍋底，必須不斷地混拌。

7 熬煮至高湯下降可見到米飯和青豆仁顆粒時，再次加入高湯至淹蓋食材。用鹽調味並繼續熬煮。
• 藉由少量逐次地加入恰好足夠的高湯熬煮，風味會充分滲入米飯，形成口感良好的燉飯。

8 再加入2次左右的高湯，重覆作業。燉飯的熬煮就完成大半了。

9 在平底鍋中倒入E.V.橄欖油和鮮蝦，以中火加熱香煎。香煎至完全受熱。

10 在燉飯中再加1次高湯，邊確實混拌邊使其成為滑順狀態。加入香煎的鮮蝦混拌，在平底鍋中加少量的水溶出鍋底汁液，一起加入燉飯中。

11 加熱1～2分鐘，確實地攪動混拌，使其產生黏稠地完成製作。用鹽調味，盛盤。
• 從開始加入高湯後大約16～17分鐘可以完成。

● 蔬菜高湯

材料（方便製作的份量）
洋蔥（切薄片）……½個
紅蘿蔔（切薄片）……½根
芹菜（莖切薄片和葉片）……½根
水……2L
＊月桂葉、粗粒白胡椒、平葉巴西里莖、番茄蒂等都可以加入。

製作方法

1 在鍋中放入洋蔥、紅蘿蔔、芹菜，加入水以大火加熱。

2 沸騰後轉為小火，邊撈除浮渣邊熬煮約30分鐘。

3 降溫並同時釋出美味，過濾。

Risotto con ostriche

牡蠣燉飯

拌炒至散發香氣的牡蠣，在燉飯完成時加入。
牡蠣沾裹麵粉香煎就不會收縮，粉類經過香煎後，使美味更上層樓。
為增添風味與口感加入的是鯷魚，也很適合搭配小松菜、菠菜和青豆仁等。

材料（1人份）
米（Carnaroli ＊）…… 60g
牡蠣（去殼＊）…… 5顆（100g）
低筋麵粉 …… 少量
鯷魚（縱向薄片）…… 40g
平葉巴西里（略切）…… 適量
奶油 …… 25g
鹽 …… 適量
蔬菜高湯＊（p.47）…… 約500ml
E.V.橄欖油 …… 適量

＊**Carnaroli**／義大利米的品種之一。黏度較日本米低，可以保持較長的彈牙（al dente）狀態，適合用於燉飯的米。

＊**牡蠣**／用廚房紙巾擦乾表面水份。

＊**蔬菜高湯**／預備熱的高湯。

製作方法

1 在鍋中放入奶油以中火加熱，開始融化時立刻放入米。用木杓均勻無遺漏地拌炒。

2 加入第1次高湯，比淹沒食材再更多一點（約100ml）。保持微微沸騰地熬煮。熬煮至高湯下降可見到米粒時（**a**），再次加入高湯至淹蓋食材（**b**），同樣作業重覆進行2次地熬煮。

3 加入鯷魚，補入少量高湯，用鹽調味（**c**）。邊混拌邊熬煮至鯷魚變軟（**d**）。

4 這個期間進行香煎牡蠣。薄薄地在牡蠣上撒低筋麵粉（**e**），在平底鍋中倒入E.V.橄欖油和牡蠣，以中火加熱香煎。待表面呈色，香煎至中央部分略熟即可（**f**）。

5 在**3**的燉飯中再加入少量高湯，確實混拌使其成為滑順狀態後，加入牡蠣混拌。

6 在香煎牡蠣的平底鍋中加少量的水，加熱，溶出鍋底汁液（**g**）。加入燉飯中，加熱1～2分鐘，確實地攪動混拌。最後加入10g奶油和鹽使其融化（**h**），撒入平葉巴西里混拌（**i**）。

• 完成時混入的油脂，雖然最近使用橄欖油的狀況增加，但這道料理仍使用與牡蠣相適性更佳的奶油。

盛盤

使表面漂亮地盛盤。

a b c d e f g h i

Risotto al nero di seppia

墨魚汁燉飯

簡單的作業，風味清爽的墨魚汁燉飯。添加的烏賊建議使用柔軟的槍烏賊。
利用蔬菜高湯製作燉飯，在後段作業再混拌墨魚汁和另行香煎備用的烏賊。
墨魚汁太早加入時，會影響生米對水份的吸收，墨魚汁的風味也會因而散失，所以添加的時間點非常重要。

材料（1人份）
米（Carnaroli ＊）…… 60g
槍烏賊（身體切圈狀和腳。p.134）…… 60g
墨魚汁（膏狀）…… 10g
奶油 …… 15g
E.V. 橄欖油 …… 適量
鹽 …… 適量
蔬菜高湯＊（p.47）…… 約500ml
完成
平葉巴西里（略切）…… 適量

＊ **Carnaroli** ／義大利米的品種之一。黏度較日本米低，可以保持較長的彈牙（al dente）狀態，適合用於燉飯的米。

＊**蔬菜高湯**／預備熱的高湯。

製作方法

1 在鍋中放入奶油以中火加熱，開始融化時立刻放入米。用木杓均匀無遺漏地拌炒。

2 加入第1次高湯，比淹沒食材再更多一點（約100ml）。保持微微沸騰地熬煮（**a**）。熬煮高湯下降至可見到米飯顆粒時，再次加入高湯至淹蓋食材（**b**），同樣作業重覆進行2～3次地熬煮（**c**）。

3 熬煮至此時，加入墨魚汁，迅速地攪動混拌（**d**）。以少量水稀釋，使其產生黏稠般確實地攪動混拌至呈滑順狀（**e**）。

• 加入墨魚汁時，會變濃稠而容易燒焦，因此用水稀釋，在拌炒烏賊時，可以先離火。

4 在平底鍋中倒入E.V. 橄欖油和烏賊，以中火加熱香煎至烏賊剛好煎熟（**f**）。加熱燉飯，並放入烏賊混拌（**g**）。

5 在香煎烏賊的平底鍋中加少量的水，加熱，溶出鍋底汁液（**h**），加入燉飯中（**i**）。加熱1～2分鐘，確實地攪動混拌（**j**）。最後用鹽調整風味，加入E.V. 橄欖油混拌。

盛盤
使表面漂亮地盛盤，撒上平葉巴西里。

墨魚以外的烏賊墨汁很少，使用的是市售的膏狀成品。依製品不同鹹度也各異，因此請先試過味道再進行調整。

★使用生鮮墨魚汁時，由墨囊擠出，用水稀釋後以平底鍋熬煮，使腥味揮發。用量不足時，也可搭配膏狀成品。

Secondo Piatto

主菜

海鮮類作為主菜的重點。
本店的招牌料理，就是店名的「Acqua pazza」。
用橄欖油香煎連皮帶骨的魚，
連同花蛤、半乾燥番茄一起以水燉煮。
簡單又能品嚐到深刻風味的料理。
不使用高湯，直接濃縮了美味的食材，
僅用水，直接帶出海鮮本身美味的技法。
據說這道料理源自於漁夫們。
雖然以白肉魚最為常見，但也可以使用竹筴魚、
沙丁魚、鯖魚等大的青背魚類。

Acqua pazza

基礎

Berice rosso all'acqua pazza

義式水煮金目鯛

白肉魚，除了金目鯛之外，還可以自由選用鯛魚、馬頭魚、石狗公、鰈魚、小隻的三線磯鱸等。水份和脂肪含量較多的肉質，較易吸收烹煮的湯汁。即便是魚片，也是連皮帶骨的，若有魚頭等切下的魚雜，為熬出其中的風味，也可以一起加入烹調。

材料（4人份）
金目鯛（預備處理p.130）…… 1條（約500g）
花蛤 …… 8個
半乾燥番茄（下記專欄）…… 20個
平葉巴西里（切碎＊）…… 1大匙
鹽 …… 適量
水 …… 540ml
E.V.橄欖油 …… 適量
完成
蔬菜嫩芽（Microgreens）（羅勒）…… 5～6片

＊**平葉巴西里**／為更突顯平葉巴西里的風味，所以切得非常細。

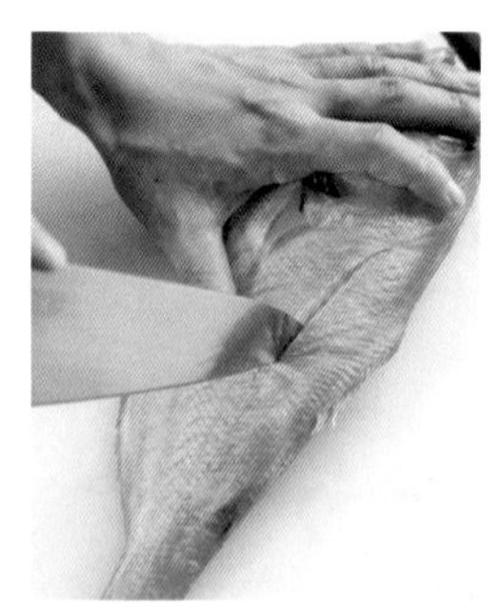

1 在整條魚魚肉最厚的背部（背鰭下方），兩面劃切出切紋。
• 為使容易受熱，劃切達背骨的深度。魚類過於冰冷時，達到中央受熱需要較長時間，因此在烹調前1小時左右，就要先從冷藏庫取出備用。

2 在魚腹中確實撒鹽。

3 在兩面魚皮表面確實撒鹽。

4 在平底鍋中倒入E.V.橄欖油，擺入金目鯛。以中火烘煎。
• 由盛盤時會看到的正面開始煎。

5 不容易煎到的邊緣處，可以將魚以鍋鏟立起貼近鍋子煎，務使全體呈現均勻的金黃色澤。

6 翻面，若E.V.橄欖油不足可以再補足，同樣地烘煎。烘煎完成後，用廚房紙巾拭去平底鍋中殘留的油。
• 烘煎到呈金黃色澤香氣比較足，也能釋放出魚皮的美味。

● 半乾燥番茄的製作方法

在製作義式水煮魚Acqua pazza時，揮發掉部分水份的半乾燥番茄最適合。這款料理的起源地－拿坡里附近，為了保存夏季收成的番茄，家家戶戶將其吊掛在屋簷下，所以使用這種水份自然揮發的半乾燥番茄，是非常道地的作法。在高濕度的日本，自然乾燥有其難度，因此需要藉助烤箱之力。

材料
小番茄 …… 10個
鹽 …… 適量

製作方法

1 取下小番茄蒂頭，橫向對切。在烤盤紙上，切口朝上地排放。在切口撒上少量的鹽（**a**）。

2 放入預熱至95℃的烤箱中，乾燥2小時。在常溫之下放置半天左右，再次使其水份揮發（**b**）。
• 店內使用的旋風烤箱則是採用92℃、3小時。也會因機種而略有不同，在90～100℃間進行調整。

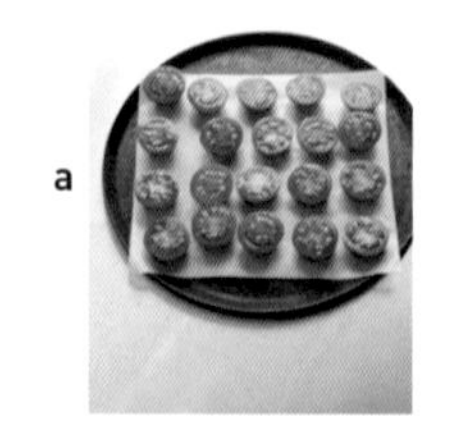

a

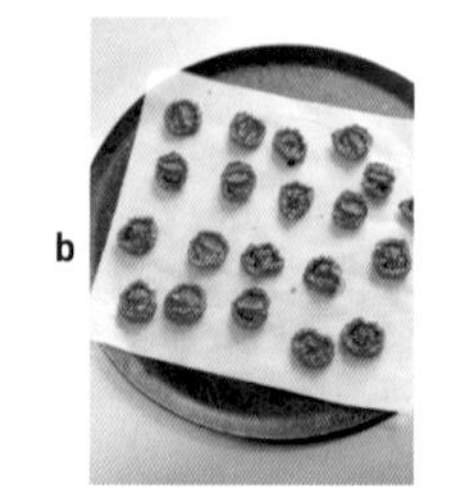

b

7 加入約360ml的水，用大火加熱至湯汁沸騰。

8 用湯杓舀起煮沸的湯汁澆淋魚的表面，使其受熱。中途再加入約90ml的水，持續沸騰狀態3～4分鐘。

- 能釋出美味的魚頭也要確實澆淋。

9 加入花蛤和半乾燥番茄。

10 重覆將煮汁舀起澆淋至魚、花蛤和番茄上，煮至花蛤開殼。

11 再加入90ml的水，將煮汁澆淋到魚的表面並煮約1～2分鐘。

12 澆淋約⅓熬煮後水量的E.V.橄欖油。

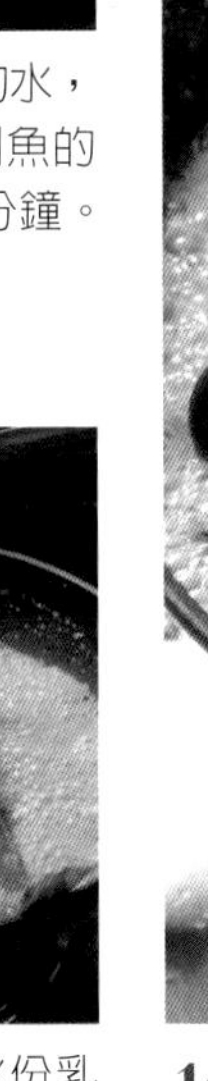

13 使橄欖油和水份乳化地，不斷重覆將煮汁澆淋至魚的表面約2分鐘。

14 撒入平葉巴西里，再澆淋數次煮汁後完成。避免破壞魚的外形，盛盤佐以羅勒。

- 趁熱食用，可以滿滿地享用到義式水煮魚的美味。

不斷地製作
義式水煮魚
Acqua pazza

在義大利修習的3年間，對我而言留下印象最深刻的東西。就是這道「義式水煮魚Acqua pazza」。美味的要素不依賴高湯，用水煮魚，單純簡單地製作出美味的技法，我覺得自己窺見了質樸卻豐盛的義大利料理精髓。

即使是番茄，也並非使用大型完全熟成的番茄來製作濃郁的燉煮茄汁，而是利用揮發了部分水份的半乾燥番茄，製作出酸甜得宜，美味又具香氣的風味。這也是從義式水煮魚Acqua pazza這道料理所學習到的手法。

回到日本後，想要繼續製作這道料理，店名也用Acqua pazza吧！當我還在義大利時，心裡已經下了這樣的決定。

義式水煮魚Acqua pazza，在海鮮類豐富的拿坡里周邊所孕育而生的料理。與她邂逅，是在當地名為「Don Alfonso」的餐廳，極為簡單質樸的一道海鮮類湯品，但卻能品味出優雅與美味。香煎三片切法的白肉魚，用水煮略微自然乾燥的小番茄和鹽漬酸豆，加入橄欖油，作為湯品供餐。

回到日本之後，以此為基礎地加入其他的想法，成了我自己的義式水煮魚Acqua pazza。加入帶殼的花蛤，除了酸豆之外，也利用了義大利料理風味核心的黑橄欖和鯷魚等作為調味料，向上提升美味的層次。因為最初就是漁夫料理，據說當時是利用海水來製作，所以想到使用濃縮了大海美味的花蛤。魚本身也會釋放出美味的高湯，所以使用連頭帶尾的一整條全魚，或是帶骨的魚塊，藉由最初的烘煎來提高美味程度。

這樣的形態，正是我在日本製作義式水煮魚Acqua pazza的原點。而最近開始捨棄酸豆、橄欖、鯷魚，將魚的風味回歸到更明確的方向，進行新的修正。添加水份，更近似熬煮湯汁的色澤。

就如同介紹的義式水煮竹筴魚，搭配了蔬菜、橄欖、酸豆，可以發展出各式各樣的風味。在家庭中也可隨個人喜好，自由調配出個人風格的義式水煮魚Acqua pazza，希望大家也能享受其中的樂趣。
（左上照片，在拿坡里近郊「Don Alfonso」修習中的日高主廚。）

Suro all'acqua pazza con le verdure

義式水煮竹筴魚和蔬菜

原本僅使用魚製作的義式水煮魚Acqua pazza，但搭配組合各種蔬菜也很有意思。
增添了色彩，也更均衡營養，更棒的是能同時品嚐到二種美味。

材料（2人份）
竹筴魚（預備處理p.133）……大型1條
花蛤……6個
小番茄……6個
甜豆……6根
綠花椰菜 60g
黑橄欖（帶核）……20g
酸豆（鹽漬＊）……10g
平葉巴西里（切碎＊）……1大匙
水……540ml
E.V.橄欖油……適量
鹽……適量

＊**酸豆**／鹽漬酸豆先用水沖洗後，浸泡水中半天，過程中替換2次清水以脫出鹽份。擠乾水份後使用。

本次使用的蔬菜，有新鮮小番茄、甜豆、綠花椰菜。除了番茄之外，都先用鹽水燙煮至柔軟後備用。四季豆、櫛瓜等也可自由搭配。

製作方法

1 在竹筴魚中央處切開，將魚肉切成圓筒狀（**a**）。腹部內和表面都撒上鹽（**b**）。

2 小番茄取下蒂頭，用刀子劃切兩處使果汁容易流出（**c**）。
・基本上使用的雖然是半乾燥番茄，但在此是作為蔬菜使用，因此直接使用新鮮番茄。

3 在平底鍋中倒入E.V.橄欖油，放入竹筴魚（盛盤時露出的表面先煎）。以中火加熱烘煎（**d**）。不容易受熱的邊緣處，可以單面將魚以鍋鏟立起使其貼近鍋子烘煎（**e**），翻面同樣地烘煎。

4 用廚房紙巾拭去平底鍋中殘留的油。加入約360ml的水，用大火加熱煮汁至沸騰（**f**）。用湯杓舀起煮沸的湯汁澆淋魚的表面，使其受熱（**g**）。中途再加入約90ml的水，持續沸騰狀態3～4分鐘。

5 加入花蛤、黑橄欖、酸豆，再加入90ml的水（**h**），煮至花蛤開殼，重覆將煮汁澆淋在魚的表面。

6 加入小番茄、甜豆和綠花椰菜，煮約2分鐘左右使其溫熱（**i**）。

7 澆淋約⅓熬煮後水量的E.V.橄欖油（**j**），使橄欖油和水份乳化，不斷重覆將煮汁澆淋至魚的表面。

8 撒入平葉巴西里，再澆淋數次煮汁後，完成。

Luccio di mare arrosto alle erbe

香草烤梭子魚和烤蔬菜

主菜的魚料理當中，最受歡迎的就是整條白肉魚所製作的香草烤魚。
以迷迭香和大蒜為首，將百里香、蒔蘿、龍蒿等新鮮香草填入魚腹中，香氣十足地進行烘烤。
在此使用的是風味清淡、肉質柔軟的梭子魚，連同許多蔬菜一起完成。

材料（2人份）
梭子魚＊……1條
迷迭香……2枝
大蒜（壓碎）……3小瓣
南瓜（切成1cm的薄片）……2片（40g）
蓮藕（切成8mm的圓片）……2片（20g）
大頭菜＊（切成⅛的月牙形狀）……2塊
西瓜蘿蔔＊（扇形薄片）……2片
蕪菁＊（切成¼的月牙形）……2塊
鴻禧菇（分成小株）……40g
舞菇（分成小株）……40g
杏鮑菇（對半縱切）……1根
鹽……適量
E.V.橄欖油……適量

＊**梭子魚**／刮除鱗片，除去內臟用水沖洗，全部的魚鰭都用剪刀剪短。

＊**大頭菜**／是根莖類蔬菜，口感就像是煮軟的綠花椰莖。

＊**西瓜蘿蔔**／小顆的圓形蘿蔔，內側是鮮艷的紅色。較不辛辣口感佳，適合生食。

＊**蕪菁**／本書使用的是「あやめ雪Ayame yuki」的品種。甜味強且柔軟，特徵是莖的根部帶著淡紫色。一般的白色蕪菁也可以。

製作方法

1 梭子魚兩面撒鹽（**a**）。在鰓蓋下方塞入1瓣大蒜（**b**），其餘的2瓣大蒜與迷迭香一同塞入魚腹中（**c**）。靜置約15分鐘使鹽份滲入後，用廚房紙巾拭去浮出的水份。

• 塞在鰓蓋下的大蒜，即使在烹調過程中，也不太容易脫落。

2 在平底鍋中倒入E.V.橄欖油，以大火加熱。放入梭子魚，盛盤時露出的表面先煎，以大火烘煎約1分鐘（**d**）。

3 硬質蔬菜（南瓜、蓮藕、大頭菜）放在梭子魚的兩側，烘煎至淡淡呈色後翻面（**e**）。在蔬菜表面撒鹽，背面也同樣烘煎至淡淡呈色後取出。

4 將梭子魚翻面（**f**），放入其餘的蔬菜和菇類（西瓜蘿蔔、蕪菁、鴻禧菇、舞菇、杏鮑菇）烘煎（**g**）。待淡淡地呈色後翻面，撒鹽，背面也同烘煎至呈色。

5 取出的蔬菜再次放回鍋中，澆淋E.V.橄欖油（**h**）。放入180℃的烤箱烘烤5～10分鐘。

盛盤

將梭子魚、蔬菜和菇類一起盛盤，塞入魚腹的迷迭香折成小段後撒在表面。澆淋E.V.橄欖油。

烘烤後更美味，蔬菜與菇類的組合。為使容易受熱，先切薄片或分成小株，直接煎烤。

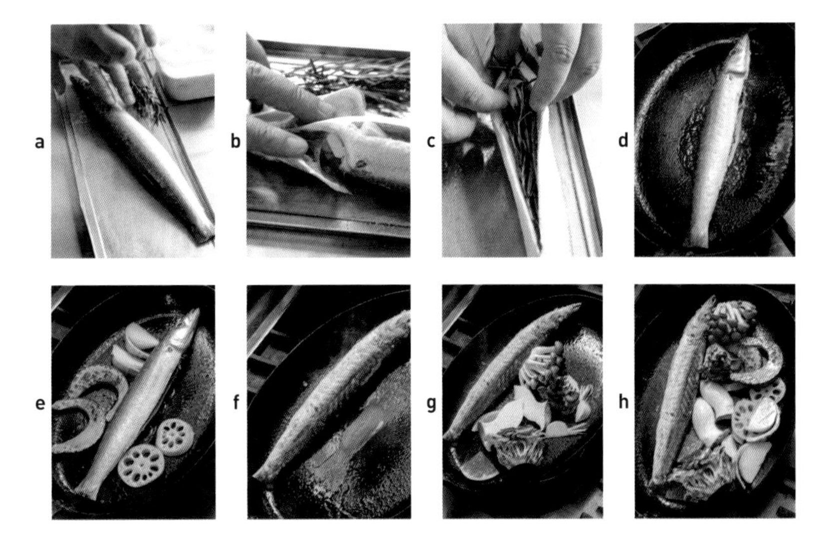

“Isaki” alla mugnaia

法式黃油煎三線磯鱸、酸豆檸檬醬汁

Mugnaia是撒上麵粉用奶油香煎的料理。
只要是白肉魚應該都能美味地完成。
融化大量奶油，用泡泡狀的奶油頻繁澆淋，溫和地使食材受熱是製作的要領，
醬汁用的焦化奶油更能增添色澤提高風味。

材料（2人份）
三線磯鱸（三片切法）…… 2片（200g）
低筋麵粉 …… 適量
奶油 …… 40g
E.V.橄欖油 …… 20g
鹽 …… 適量

酸豆檸檬醬汁
奶油 …… 20g
酸豆（醋漬）…… 20g
檸檬汁 …… ½個
平葉巴西里（切碎）…… 適量

完成
平葉巴西里（切碎）…… 適量

製作方法

1 三片切法的三線磯鱸，除了胸鰭和背鰭之外，尾鰭也因容易燒焦，所以將其剪短（**a**）。

2 兩面撒鹽，再撒上低筋麵粉（**b**、**c**）。
• 在撒放大量粉類後，確實地撣落多餘的粉類。

3 在平底鍋中倒入奶油和E.V.橄欖油，以中火加熱，待奶油開始融化時（**d**），將三線磯鱸放入，盛盤時露出的表面先煎。
• 原本是僅用奶油來製作的料理，但因為容易燒焦，所以混合了橄欖油。

4 魚皮緊縮會導致魚片翻捲起，因此在最初放入時，要用鍋鏟按壓地進行烘煎（**e**）。
• 奶油快要燒焦時，也可以暫時離火。

5 當魚肉不再翻捲後，傾斜平底鍋使油脂聚積，用湯匙不斷地澆淋在魚肉上使其受熱（**f**）。
• 奶油因水份蒸發而成為泡泡狀，以較小的中火避免燒焦，不碰觸魚肉地持續澆淋油脂。

6 魚肉顏色變白，散發香氣地呈現香煎色澤膨脹時，即已完成（**g**）。翻面（**h**），立即取出盛盤。

7 <**酸豆檸檬醬汁**>捨棄平底鍋內殘留的油脂，放入醬汁用奶油，以大火加熱使其融化（**i**）。再加熱至呈茶褐色地使其焦化（**j**）。
• 平底鍋中殘留的油脂，有魚肉釋出的水份會有腥味，所以用新的奶油製作就是要訣。

8 焦化奶油中加入酸豆、檸檬汁、平葉巴西里，加熱至沸騰後立即澆淋在魚肉上。撒上完成用的平葉巴西里。
• 檸檬汁不足時這道料理會感覺油膩，因此必須大量加入，凝聚風味。

● 酸豆的使用區分

酸豆有鹽漬（照片左側）和醋漬（右側）2種。醋漬是清爽的酸味，鹽漬雖然鹹度較高，但能增強香氣和美味。在日本市面上大多是醋漬較常見，但希望大家可以在料理上區分使用。像本頁Mugnaia料理本身就帶有酸味時，可以使用醋漬；若像義式水煮魚Acqua pazza（p.57）般不需酸味的料理，則適合鹽漬。

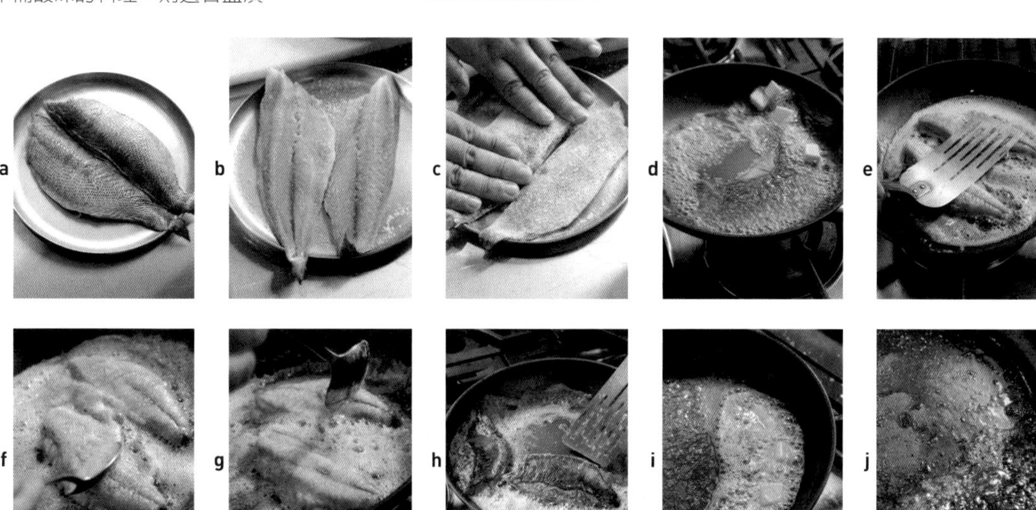

Orata e verdure stagioni al vapore

蒸鯛魚和季節蔬菜

Vapore是蒸的烹調法，用平底鍋製作的義式蒸魚。
在舖墊的蔬菜上擺放鮮魚，用少量水份蒸煮，所以不算是煮，更像是蒸。
蒸出的湯汁混和了蔬菜的清甜和美味，蒸魚的同時能吸收蔬菜的芬芳，是一舉兩得的烹調方法。
鮮魚可以是整條魚，或是帶骨魚片。

材料（2人份）
小型鯛魚（預備處理p.128）
……1條（200～300g）
小松菜（莖部細嫩處）……2株
白花椰菜……40g
小番茄……2個
甜椒（紅、黃。斜向薄片）……各¼個
蕪菁＊（切成4等分）……2塊
甜豆……2根
百里香＊……1枝
水（或蔬菜高湯p.47）……300ml
鹽……適量
完成
E.V.橄欖油……適量

＊**蕪菁**／本書使用的是「あやめ雪Ayame yuki」的品種。甜味強且柔軟，特徵是莖的根部帶著淡紫色。一般的白色蕪菁也可以。

＊百里香以外，也可選擇個人喜好的複數香草組合使用。

小型鯛魚刮除魚鱗，取出內臟後用水沖洗，用剪刀將所有的魚鰭剪短後再行烹調。以鮮艷色彩來搭配蔬菜，白花椰菜切成小株，小番茄去蒂，甜椒和蕪菁切成一口大小。

製作方法

1 為使小型鯛魚容易受熱，在魚肉較厚處（背鰭下方），用刀子劃切1道切紋（**a**）背面也一樣。

2 在魚腹和兩面確實地撒鹽（**b**、**c**）。

3 將全部的蔬菜排放在平底鍋底，擺放小型鯛魚，放上百里香，倒入水份（**d**）。

4 蓋上鍋蓋，用大火加熱，至沸騰後轉為小火，蒸約5～10分鐘（**e**）。用竹籤戳刺魚肉較厚的部分以確認其熟度（**f**），若已完全受熱即可離火。

盛盤

可以直接以平底鍋上桌，或盛放至盤中。
澆淋上大量的E.V.橄欖油。

Cotoletta di tonno
義式米蘭風炸鮪魚排

Cotoletta是義大利的炸肉餅，常見的是劍旗魚或鮪魚。
在此使用能作為生魚片食用，鮮度極佳的鮪魚赤身，半敲燒般地快速油炸，使中間殘留生魚層。義大利的炸肉餅，麵衣大多會加入粉狀起司或切碎的香草，麵包粉則是用細粒的。

材料（1人份）
鮪魚（赤身去皮魚排）…… 100g
鹽 …… 適量
奶油 …… 30g
E.V.橄欖油 …… 15ml
麵衣
低筋麵粉 …… 適量
蛋液 …… 適量
麵包粉（細粒＊）…… 30g
帕瑪森起司 …… 20g
迷迭香 …… 5g
百里香 …… 5g
完成
芝麻葉 …… 30g
檸檬 …… ¼個

＊**麵包粉**／自行磨細時，可利用手持攪拌棒或食物料理機攪成細碎。

製作方法

1 除去麵衣用的迷迭香和百里香的枝幹，將葉片一起切碎（**a**）。缽盆中放入麵包粉、帕瑪森起司、切碎的迷迭香和百里香（**b**）。像是要將麵包粉揉成細碎般地用手揉搓使其混合（**c**）。
• 帕瑪森起司和香草，加入確實能彰顯其風味的用量是製作的重點。

2 鮪魚兩面確實地撒鹽（**d**），依序沾裹低筋麵粉、蛋液、**1**的麵包粉（**e**、**f**），用手壓緊使麵衣確實沾裹融合。

3 在平底鍋中放入奶油和E.V.橄欖油，用大火加熱，待奶油產生啪嗞啪嗞的彈跳音（**g**）。
• 溫度會是180～190℃。

4 放入鮪魚，直接在大火的狀態下煎炸，舀起油脂澆淋鮪魚約30秒～1分鐘（**h**）。翻面，同樣舀起油脂澆淋至麵包粉呈金黃色澤（**i**）。
• 義大利料理中，即使是炸肉餅也是用少量的油煎炸。在此是用大火短時間煎炸，但若是要連中央部分都熟透時，要用小火較長時間進行。

5 以廚房紙巾包覆瀝去油脂（**j**）。

盛盤
將鮪魚盛盤，佐以芝麻葉和檸檬。
• 照片中為了能看見切面而切成兩塊盛盤，但實際上為了保持香氣及熱度，會不切地直接盛盤。

Fritto di suro

炸竹筴魚

炸竹筴魚或旗魚，幾乎可說是現在的日本國民美食。
澆淋上伍斯特醬，就是大家所熟知的西式料理，
但若是下點工夫製作橄欖油基底的醬汁，就能成為一道義式料理了。
在此介紹兩道範例－「櫻花蝦與新鮮番茄醬汁」，
以及加入雞蛋的綠色醬汁「皮埃蒙特醬」。

Salsa di pomodoro fresco e "Sakuraebi"

櫻花蝦與新鮮番茄醬汁、薄荷風味

燙煮過的櫻花蝦和番茄，用檸檬和油醋調味製成的醬汁，在春、秋櫻花蝦的產季，請大家務必一試。盛盤時撒的薄荷不是為增添色彩，而是作為副材料使用。大量使用就是重點所在。

Salsa piemontese

皮埃蒙特醬、巴西里風味

以平葉巴西里為主體製作的綠色醬汁之一，是添加了雞蛋和酸豆的美味醬汁。完成時也會撒上巴西里，使用皺葉巴西里的嫩葉會更柔軟，視覺上也更美觀可愛。同樣地撒上足夠的份量，更能感受風味。

● 炸竹筴魚的製作方法

製作正統的炸竹筴魚。
用於油炸時，要選用魚肉較多的中～大型。
大型竹筴魚時，以三片切法使用其中半片。
本店使用的是天然酵母麵包製作的麵包粉，
使用美味的麵包粉，更增添風味。

材料（2人份）
竹筴魚（三片切法。預備處理p.133）
…… 2片（200g）
鹽 …… 適量
麵衣（低筋麵粉、蛋、麵包粉）…… 各適量
炸油 …… 適量

製作方法

1 大型竹筴魚時，三片切法後再切半使用。兩面撒上鹽（**a**）。

2 依序沾裹低筋麵粉、蛋液、麵包粉（**b**、**c**）。

3 將竹筴魚放入170℃的炸油中，油炸至麵衣確實呈黃金色，約炸數分鐘（**d**）。

4 放置於廚房紙巾上瀝去油脂。

● 櫻花蝦與新鮮番茄醬汁

鹽水燙煮的蝦花蝦，柔軟且蝦肉厚實美味。新鮮的櫻花蝦，要先用鹽水燙煮，也可用小型干貝取代櫻花蝦。

材料（2人份）
櫻花蝦（完成燙煮）…… 40g
番茄*（切成小塊）…… 1個
酸豆（醋漬）…… 2小匙
檸檬汁 …… 1小匙
E.V.橄欖油 …… 適量
鹽 …… 適量
完成
薄荷*（僅用葉片）…… 1小撮
黑胡椒（粗粒）…… 適量

***番茄**／熱水汆燙去皮，去籽。
***薄荷**／用冰水沖洗使其鮮嫩爽脆後拭去水份。

製作方法

1 櫻花蝦和新鮮番茄的醬汁材料全部放入缽盆，用橡皮刮刀充分混拌。

2 澆淋在擺放於盤中的竹筴魚上，撒上薄荷、黑胡椒。

● 皮埃蒙特醬

將全部材料切成相同大小，只需混拌即可。除了魚類料理之外，肉類料理、雞蛋料理等無論何種菜色都能搭配，是非常實用的醬汁。

材料（2人份）
水煮蛋（切碎）…… 1個
酸豆（醋漬。切碎）…… 25g
紅蔥頭（切碎）…… 20g
平葉巴西里青醬（下記專欄）…… 15g
平葉巴西里（略切）…… 5g
白酒醋 …… 5g
E.V.橄欖油 …… 50g
鹽 …… 適量
完成
皺葉巴西里*（僅用葉片）…… 1小撮

***皺葉巴西里**／優點是葉片小且柔軟。用冰水沖洗使其鮮嫩爽脆後拭去水份。

製作方法

1 將皮埃蒙特醬的全部材料放入缽盆，用橡皮刮刀充分混拌。

2 醬汁澆淋在擺放於盤中的竹筴魚上，撒上皺葉巴西里。

● 平葉巴西里青醬「イタパセーゼ」

用平葉巴西里取代羅勒使用，製作成青醬風格的爽口濃醬。
是店內廚房慣用的名稱。

材料（方便製作的份量）
平葉巴西里 …… 50g
松子（用160℃的烤箱烘烤5分鐘）…… 15g
紅蔥頭 …… 5g
E.V.橄欖油 …… 150g

製作方法

1 用食物料理機攪打松子、紅蔥頭、半量的E.V.橄欖油。

2 加入半量的平葉巴西里和其餘半量的E.V.橄欖油，再度攪打。

3 加入剩餘的平葉巴西里，攪打成泥狀完成製作。

Limanda e patate al forno

箱烤鰈魚與馬鈴薯

連頭帶尾的鰈魚僅用鹽和橄欖油烘烤，就是最經典的方式。
清淡又能烘托出鰈魚優雅的美味，但若下方舖墊馬鈴薯吸收鰈魚的烘烤湯汁，連馬鈴薯都非常好吃。
鰈魚表皮較厚，不易入味，因此劃開切紋，撒入較多的鹽，略微靜置後再烘烤。

材料（2人份）
鰈魚＊（預備處理p.131）
……1條（300g）
馬鈴薯……1個
鹽……適量
E.V.橄欖油……適量
完成
平葉巴西里（略切）……適量

＊**鰈魚**／如無法購得整條，也可以是帶骨的魚段。使用肉質較厚的部分。

製作方法

1 鰈魚的鰭容易烤焦，因此全部都用剪刀修剪。一整條全魚時，為使容易受熱，在兩面中央厚實處劃出十字切紋（**a**、**b**、**c**）。兩面都撒上略多的鹽，靜置約15分鐘左右使其入味（**d**）。

2 馬鈴薯去皮切成8mm厚的圓片（**e**）。

3 在耐熱容器上倒E.V.橄欖油，舖放馬鈴薯，撒上鹽（**f**）。擺放鰈魚後，再澆淋大量的E.V.橄欖油（**g**）。
• 橄欖油要能完全覆蓋鰈魚表面的用量。

4 放入220°C的烤箱烘烤10～15分鐘。

盛盤
直接以耐熱容器上桌，撒上平葉巴西里。

Sarde gratinate alla siciliana

烤沙丁魚、西西里風

魚肉沾裹麵包粉放入烤箱的烹調法，義大利最具代表性的主菜。
在西西里，經常會在麵包粉中混入松子或葡萄乾，用此包覆魚肉、撒在表面，烘烤出焦香美味。
傳統料理中有名的「Sarde a Beccafico」也是同樣的作法。

材料（2人份）
沙丁魚（三片切法。p.133）…… 8片
柳橙＊（切成扇形薄片）…… ½個
鹽 …… 適量
E.V.橄欖油 …… 適量
香味麵包粉＊
麵包粉 …… 40g
鯷魚 …… 15g
松子＊ …… 20g
葡萄乾（泡水還原後）…… 40g
奧勒岡（Oregano）…… 2小撮
E.V.橄欖油 …… 適量
完成
平葉巴西里（略切）…… 適量

＊**柳橙**／帶皮較能釋出強烈的香氣，會因加熱而變軟，因此帶皮也能美味地食用。

＊**香味麵包粉**／此次使用的是奧勒岡，也可依個人喜好，使用平葉巴西里等切碎的新鮮香草。

＊**松子**／用160℃的烤箱烘烤5分鐘。

製作方法

1 <**香味麵包粉**>在平底鍋中放入E.V.橄欖油和鯷魚，用略小的中火加熱（**a**）。邊拌炒邊使其融合（**b**），加入麵包粉、松子、葡萄乾、奧勒岡（**c**、**d**），注意避免燒焦地乾煎（**e**）。待麵包粉淡淡呈色時，取出攤放至方型淺盤使其降溫。

• 麵包粉不要烘煎至顏色太深，約是葡萄乾的水份揮發，材料融合的程度即可。

2 在沙丁魚兩面撒上鹽（**f**），將沙丁魚與柳橙果肉交替地層疊排放在平底鍋中（**g**）。

3 在全體表面撒上香味麵包粉（**h**），用手掌輕輕按壓使其貼合（**i**），澆淋E.V.橄欖油，放入200℃的烤箱，烘烤至散發香氣表面呈色，約10分鐘（**j**）。

盛盤
沙丁魚和柳橙層疊地盛盤，撒上平葉巴西里。

依魚的種類享用當季的美味 Ristorante「ACQUA PAZZA」的獨特食譜

在Ristorante「ACQUA PAZZA」和橫須賀的姐妹店－「ACQUA MARE」，每天都要製作數十種海鮮料理。所處理的海鮮，是日本頂尖的漁獲集中至築地，有許多由千葉、房総、神奈川、三浦半島所捕獲的新鮮海鮮，全年四季皆可享用到的海洋珍饈。第2章的內容，是從這兩家店內龐大的海鮮料理中，遴選54道介紹給大家。在此使用近30種海鮮類，從開胃菜、前菜、主菜各類範疇，全面性地直接將餐廳廚房的配方公開。海鮮的美味，當然除了活用烹調方式之外，希望大家也能將目光投射在能烘托海鮮的豐富蔬菜上。

照片是日高主廚珍藏，Richard Ginori製白磁盤。這個名為「Galatea」的系列，名稱取自希臘神話中海神之女，將其想像成魚的印象並以浮雕方式呈現。

＊料理名稱旁的標示，是類別名稱（Antipasto開胃菜、Primo Piatto前菜、Secondo Piatto主菜）和海鮮主要的產季。文末標示負責該料理的主廚，各別是K（川合大輔）、H（土方瞭平）、S（須貝惠介）。

鯛魚・比目魚

鯛魚製作Cartoccio（紙包料理）、醃泡；比目魚圓切網烤，和薄片捲蒸料理。無論哪一種都可將鯛魚和比目魚相互置換地美味完成製作。紙包料理或網烤，能夠使用豐富的蔬菜均衡風味，也能增加視覺上的美感。此外，鯛魚的「Puttanesca煙花女風味」，是指利用黑橄欖、酸豆、番茄等，與製作煙花女義大利麵共通食材，因此命名。

Rombo alla griglia con le verdure
網烤比目魚與各式蔬菜

Orata al cartoccio
紙包真鯛和春季蔬菜

Rotolo di rombo al vapore
蒸比目魚卷、
義大利香芹和金桔醬汁

Orata marinata alla puttanesca

煙花女風味、醃泡真鯛

紙包真鯛和春季蔬菜

材料（1人份）

真鯛（帶皮魚肉）…… 80g
花蛤 …… 3個
小番茄 …… 2個
大葉玉簪（Hosta）…… 1根
甜椒（紅、黃。縱向切絲）…… 各20g
迷你蘿蔔 …… 1根
西瓜蘿蔔（薄片）…… 1片
豌豆 …… 1根
甜豆 …… 2根
白花椰菜 …… 20g
百里香 …… 1枝
魚高湯（下記專欄）…… 90ml
鹽 …… 適量

烤盤紙（防水）…… 約40cm×30cm
蛋白 …… 適量

製作方法

1 在真鯛上撒鹽。

2 除小番茄之外的蔬菜都用鹽水略汆燙（中間半生狀態也沒關係）。

3 在中央凹陷的盤子上鋪放烤盤紙（因為要以中線作為包覆的折返處，所以單側稍微偏離地擺放）。放入真鯛、花蛤、所有的蔬菜和百里香。避免溢出地倒入魚高湯。

避免魚高湯溢出，使用中央凹陷的盤子來放置烤盤紙和食材，注入高湯。

4 擺放食材的烤盤紙邊緣（3邊）刷塗蛋白，覆蓋上另一側的烤盤紙，使貼合處緊密。邊緣再次刷塗蛋白，折疊，再次重覆這個作業。

5 放入190℃的烤箱烘烤近10分鐘，使其受熱。

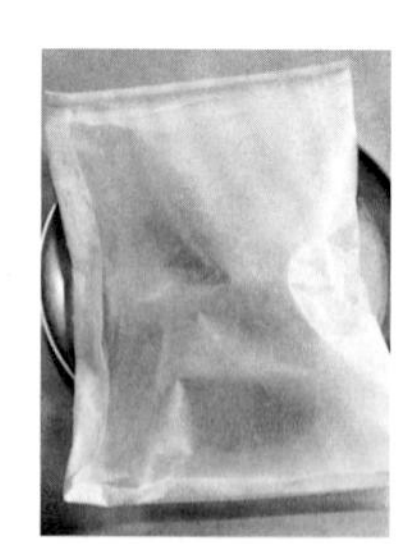

烤盤紙邊緣以蛋白代替漿糊，邊刷塗邊反折，使其密封。

盛盤

直接將紙包置於盤中，以烹調剪刀從烤盤紙的中央剪開。

（烹調：S）

● 魚高湯

材料與製作方法

白肉魚（鯛魚等）的魚雜……適量／水……足夠淹蓋的水量

1 鯛魚等白肉魚的魚雜浸泡在水中約30分鐘，洗去血污。用水沖洗後，瀝乾水份。

2 將魚雜排放在烤盤上，放入200℃的烤箱中烘烤10～15分鐘，排出水份。

3 將**2**放入鍋中，加入足以淹蓋魚雜的水份，以大火加熱。沸騰後轉為小火，除去浮渣，熬煮30分鐘～1小時，熬煮至魚雜釋出美味，過濾。

網烤比目魚與各式蔬菜

材料（2人份）

比目魚（魚段）…… 200g
小番茄（對切）…… 2個
茄子（切成4等分）…… 2個
洋蔥（切成月牙狀。以竹籤串起）…… 2個
蕪菁（切成月牙狀）…… 2個
小松菜（莖部細嫩處）…… 2株
秋葵 …… 2根
迷迭香 …… 2枝
E.V.橄欖油 …… 適量
鹽 …… 適量
檸檬 …… ½個

製作方法

1 在比目魚的兩面撒上鹽，塗抹E.V.橄欖油。蔬菜也略澆淋E.V.橄欖油。

2 用大火加熱烤板，擺放比目魚、蔬菜，在蔬菜表面撒上鹽。

• 烤板上因溝槽接觸食材會產生香氣，形成畫龍點睛的風味特色。也可以用網架或帶有溝槽的斜紋烤盤。

3 以中火加熱至確實在食材上形成烘烤條紋，將全部的食材翻面。在比目魚表面擺放1枝迷迭香，蔬菜上撒鹽。同樣地再烤至呈現烘烤條紋。

盛盤

將比目魚和蔬菜一起盛盤，用其餘的迷迭香裝飾。澆淋E.V.橄欖油，附上檸檬。

（烹調：S）

網烤料理，要使食材表面確實呈現烘烤條紋，這樣香氣才能更提升。

蒸比目魚卷、義大利香芹和金桔醬汁

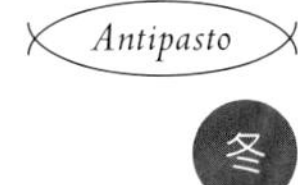

材料（2人份）
比目魚（去皮魚片）…… 80g
黑橄欖（去核）…… 20g
酸豆（醋漬）…… 20g
平葉巴西里青醬＊（p.67）…… 2大匙
金桔醬汁
金桔（切成粗粒）…… 1個
白酒醋 …… 少量
檸檬汁 …… 少量
E.V. 橄欖油 …… 適量
鹽 …… 適量
完成
芽菜（紅蓼）、蔬菜嫩芽（綜合、野苣Mache）、
紅蘿蔔葉 …… 各適量
白酒醋、E.V. 橄欖油、鹽 …… 各適量

保鮮膜 約40×30cm …… 2片

＊**平葉巴西里青醬「イタパセーゼ」**／用平葉巴西里取代羅勒使用，製作成青醬風格的爽口濃醬。是店內廚房慣用的名稱。

製作方法

1 比目魚切薄片（約18片）。

2 黑橄欖和酸豆放入食物料理機內攪打泥狀。

3 重疊兩張保鮮膜加長橫向，將比目魚片每次略有層疊地排放於其上。刷塗**2**的泥狀材料，以長邊為軸心地提起保鮮膜包捲起來，形成細長卷狀。保鮮膜的兩端打結。

4 放入100℃的蒸氣旋風烤箱中蒸約7分鐘（蒸籠為10分鐘）。降溫，置於冷藏室冷卻。

5 混拌金桔醬汁的全部材料。

6 完成時的芽菜、蔬菜嫩芽等，先用白酒醋、E.V. 橄欖油、鹽輕輕調味。

盛盤

將平葉巴西里青醬分3處滴落在盤中。連同保鮮膜將比目魚卷分切成3段（有長短變化也有其趣味），除去保鮮膜，立於平葉巴西里青醬上。各別少量地佐以金桔醬汁，以芽菜和蔬菜嫩芽盤飾。

（烹調：S）

所謂的Rotolo，就是捲成長卷狀。利用保鮮膜將刷塗醬料的薄片比目魚包捲起來。

煙花女風味、醃泡真鯛

材料（2人份）
真鯛（帶皮魚肉）…… 100g
鹽 …… 適量
醃泡
小番茄（切成2～4塊）…… 50g
鯷魚（切成粗粒）…… 5g
酸豆（醋漬）…… 10g
黑橄欖（去核。切成圓片）…… 20g
平葉巴西里（略切）…… 1小撮
奧勒岡 …… 1小撮
E.V. 橄欖油 …… 2大匙
檸檬汁 …… ½個
完成
苦苣 …… 適量
紅蓼的芽菜（Micro Benitade）…… 適量

熱水、冷卻鯛魚的冰水 …… 各適量

製作方法

1 在真鯛肉兩面撒鹽，靜置30分鐘。

2 真鯛皮朝上地擺放在網架上，用約2杯左右的熱水澆淋魚皮，立即放入冰水中冷卻約30秒。以廚房紙巾拭乾水份。

• 帶皮的魚肉，以熱水澆淋魚皮（日文：湯引き），可以使魚皮變軟也能去除魚腥味。之後浸泡冰水冷卻，可以防止熱度滲入魚肉當中。

3 將魚肉斜向片切成1cm寬的片狀，放入缽盆中，加入醃泡的全部材料，番茄用湯匙輕輕搗壓使其釋出果汁，再充分混拌。以鹽調味，靜置於冷藏室30分鐘進行醃泡。

• 放置30分鐘以上，則魚肉會滲出水份混入醃泡液當中，像爽口的醬汁般變得更美味。

盛盤

各以少量盛放在盤中，佐以苦苣和紅蓼的芽菜。

（烹調：S）

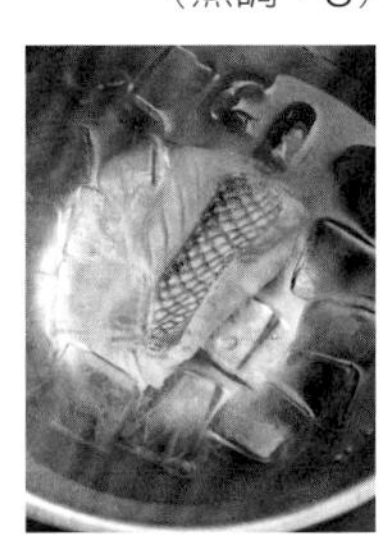

用熱水澆淋魚皮的真鯛放入冰水中急速冷卻，以避免魚肉受熱。約30秒取出。

沙丁魚·鯖魚

沙丁魚混拌在煙花女風味「Puttanesca」醬汁中，煎烤後膨脹起來的魚肉，更顯出豐盛的感覺。另一道是連魚骨都煮至柔軟的油封沙丁魚，也可用香魚或秋刀魚來製作。還有，鯖魚烘烤後作成酸甜風味，以及將鯖魚煮至鬆軟，佐上檸檬蛋黃醬享用的變化。

Spaghetti alla puttanesca con le sarde
煙花女風味沙丁魚直麵

Sarda confit
油封沙丁魚

Sgombro al forno alla greca
希臘風味烤鯖魚

Sgombro brodettato
鯖魚佐檸檬蛋黃醬風味

煙花女風味沙丁魚直麵

材料（1人份）
直麵Spaghetti …… 80g
鹽 …… 煮麵用熱水的1%
沙丁魚（三片切法。預備處理p.133）…… 2片
大蒜（切碎。油漬）…… 1小匙
紅辣椒 …… ½根
鯷魚 …… 8g
酸豆（醋漬）…… 8g
黑橄欖（帶核）…… 10顆
小番茄（切半）…… 8個
番茄醬汁（下記專欄）…… 90g
E.V.橄欖油 …… 適量
鹽 …… 適量
完成
平葉巴西里（略切）…… 適量

製作方法

1 在平底鍋中倒入E.V.橄欖油，放進大蒜、紅辣椒、鯷魚，以中火拌炒。加熱至大蒜開始淡淡地呈色，鯷魚溶入其中後，加入酸豆和黑橄欖混合拌炒。加入小番茄、番茄醬汁，略煮。

2 用鹽水燙煮直麵。煮麵時間比標示時間略短，約6分鐘。

3 沙丁魚兩面撒上鹽。在另外的平底鍋中倒入E.V.橄欖油，沙丁魚皮朝下地放入鍋中，香煎至散發香氣呈現煎烤色澤。翻面，約一下下立即倒入**1**的醬汁中。

4 用木杓將沙丁魚搗開成3～4等分，使其與醬汁混拌，釋出美味。

5 放入瀝乾水份的直麵充分混拌，使其入味。
• 番茄醬汁中因含有充分的橄欖油，因此完成時不需再澆淋油脂。

盛盤
盛盤後，撒上平葉巴西里。（烹調：K）

沙丁魚不要過度加熱，為使魚肉仍保留鬆軟口感，與醬汁迅速混拌。

油封沙丁魚

材料（2人份）
沙丁魚（預備處理p.133）…… 1條
鹽 …… 沙丁魚重量的1.2%
E.V.橄欖油 …… 浸漬沙丁魚的用量
蒔蘿、香葉芹 …… 各適量
義式鹽漬豬頰肉（Guanciale。薄片）…… 1片
完成
紅蘿蔔葉 …… 適量
E.V.橄欖油 …… 適量

製作方法

1 沙丁魚兩面撒上鹽略靜置，拭去流出的水份。

2 在平底鍋中放入沙丁魚和足以浸漬沙丁魚的E.V.橄欖油，加熱，維持92℃煮4～5小時。浸泡在油脂中降溫。
＊若不吃魚骨，則約1小時即可，以三片切法的狀態製作時，約是煮至沸騰後的15分鐘即可。
• 浸泡在油中，夏季冷藏保存，冬季可常溫保存。最佳品嚐時間約1個月。

3 瀝去沙丁魚油，置於平底鍋中，兩面煎至金黃，溫熱。熄火後，擺放蒔蘿、香葉芹、義式鹽漬豬頰肉。

盛盤
將沙丁魚盛盤，澆淋少量的E.V.橄欖油，撒上紅蘿蔔葉盤飾。（烹調：K）

沙丁魚用92℃的油，加熱4～5小時，竹籤能輕易刺穿魚骨的柔軟程度即可。

油封是在以油加熱後煎燒完成，添加風味的義式鹽漬豬頸肉利用餘溫就會立刻融化。

● 番茄醬汁

材料（方便製作的份量）
水煮番茄（罐頭）…… 500g
洋蔥（切碎）…… ¼個
月桂葉（如果有）…… 1片
鹽 …… 5g
E.V.橄欖油 …… 適量

製作方法
1 用E.V.橄欖油以中火拌炒洋蔥，確實拌炒至洋蔥變軟。
2 加入水煮番茄，放入月桂葉和鹽，拌炒至與洋蔥融合。咕嚕咕嚕地冒出小氣泡程度的火候熬煮成⅓的量。
＊使用酸味較低的水煮番茄，充分熬煮後揮發水份，可以濃縮出番茄的美味。略撒上鹽可以更烘托甜味。

希臘風味烤鯖魚

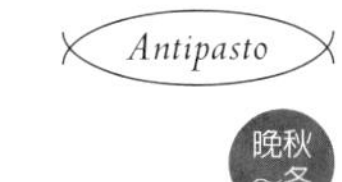

材料（2人份）
鯖魚（三片切法。預備處理 p.132）…… 250g
洋蔥（切碎）…… 2個
黑橄欖（去核。切碎）…… 20g
百里香（切碎）…… 1小匙
平葉巴西里（略切）…… 1小匙
白酒醋 …… 50ml
E.V. 橄欖油 …… 適量
鹽 …… 適量

製作方法

1 鯖魚兩面撒上鹽，靜置30分鐘。

2 在平底鍋中倒入E.V. 橄欖油，放入洋蔥。以稍弱的中火確實拌炒至洋蔥呈現深濃的焦糖色，釋出甜味。

3 混拌黑橄欖、百里香、平葉巴西里。

4 在烤箱專用烤盤上倒入E.V. 橄欖油，鯖魚皮朝上地放置。將**2**的焦糖洋蔥塗抹在鯖魚皮上，擺放**3**的黑橄欖等，澆淋E.V. 橄欖油。以210°C的烤箱烘烤約8分鐘。

5 連同烤盤一起直接用火加熱，澆淋白酒醋使酸味揮發。

・常溫或冰涼後享用酸味會更溫和，與甜味的搭配恰如其分。

盛盤

分切鯖魚盛盤。（烹調：S）

鯖魚擺放在烤盤上，烘烤後，直接在爐火加熱時撒放白酒醋。酸味揮發後，僅留下白酒醋的美味。

鯖魚佐檸檬蛋黃醬風味

材料（1人份）
鯖魚（帶皮魚肉）…… 100g
白酒 …… 2大匙
紅蘿蔔（切成厚圓片）…… 2片
洋蔥（切成厚圓片）…… 1片
茴香（枝幹部分。厚的部分縱向切分）…… 2片
小番茄 …… 2個
鹽 …… 適量

蛋黃醬
蛋黃 …… 2個
檸檬汁 …… ½小匙
鹽 …… 少量
E.V. 橄欖油 …… 1大匙
鯖魚煮汁 …… 3大匙
茴香葉（切碎）…… 1小匙

製作方法

1 鯖魚表面撒放略多的鹽，靜置約30分鐘。

2 在鍋中放入蔬菜（紅蘿蔔、洋蔥、茴香、小番茄），倒入白酒和水份，至恰能浸泡到蔬菜的高度。鯖魚皮朝上地擺放。

3 蓋上鍋蓋以大火加熱，沸騰後轉為稍弱的中火，使鯖魚煮至熟透地再蒸煮5～10分鐘。

4 ＜**蛋黃醬**＞在缽盆中放入蛋黃、檸檬汁、鹽、E.V. 橄欖油，用攪拌器混拌。加入**3**的鯖魚煮汁（3大匙），再次混拌。

5 在大鍋中煮沸熱水熄火，擺放上**4**蛋黃醬汁的缽盆，進行隔水加熱。攪拌至溫熱並產生黏稠度。最後混拌入茴香葉。

盛盤

在盤中擺放鯖魚和蔬菜。再次將空氣攪打至蛋黃醬中使其打發，澆淋在鯖魚上。（烹調：S）

打發成像荷蘭醬（Hollandaise sauce）般溫熱、經過調味的蛋黃，製作成膨鬆柔和的醬汁。

鮪魚·馬加魚

鮪魚的料理是香煎和網烤。香煎是用切成短籤狀的馬鈴薯作為麵衣包覆魚肉，鮪魚和馬鈴薯都呈現潤澤美味的口感。網烤則是搭配all'arrabbiata風味的辣番茄醬汁一起享用。另外馬加魚是用油製成油封，以及用醋製成幾分鐘的醃泡醋漬，一起搭配蔬菜，能夠享受協奏般的樂趣。

Confit di "Sawara" e verdure
油封馬加魚與各式蔬菜、香草油

Rotolo di tonno con patate saltato
香煎馬鈴薯泥鮪魚、甜菜泥

Tonno alla griglia, salsa di pomodoro fresco e capperi

網烤鮪魚、酸豆番茄醬汁

"Sawara" marinato all'aceto e ravanello giapponese

馬加魚醃泡與蔬菜薄片

油封馬加魚與各式蔬菜、香草油

冬～春

材料（2人份）
馬加魚（帶皮魚肉）…… 80g
白蘆筍 …… 1根
蕪菁＊ …… ½個
櫻桃蘿蔔 …… 1個
白花椰菜 …… 40g
牛蒡 …… 20g
西瓜蘿蔔（切薄片）…… 20g
E.V.橄欖油 …… 300ml
香草油（p.11）…… 2小匙
鹽 …… 適量
完成
蒔蘿、香葉芹 …… 各適量

＊蕪菁／本書使用「あやめ雪Ayame yuki」品種。

製作方法

1 在馬加魚兩面撒上略多的鹽。蔬菜全部分成2等分。

2 在鍋中倒入E.V.橄欖油，以大火加熱至70℃。保持70℃的溫度，放入馬加魚和蔬菜煮約15分鐘。

• 從馬加魚上冒出小小氣泡的狀態大約是70℃。煮至馬加魚的中央部分熟透，蔬菜變軟。蔬菜若還堅硬，可以將時間延長。在浸泡油脂的狀態下放置降溫。

3 將馬加魚的魚皮朝下放入平底鍋中，並排放蔬菜。用略強的中火，將馬加魚的兩面煎至呈黃金色澤，蔬菜呈色時，翻面再香煎。

盛盤
在盤中央盛放馬加魚，周圍排放蔬菜。滴落香草油，用蒔蘿和香葉芹盤飾。（烹調：H）

馬加魚和蔬菜以70℃的油靜靜地加熱，若是魚塊則約15分鐘即可完成。

香煎馬鈴薯泥鮪魚、甜菜泥

冬

材料（1人份）
鮪魚（赤身去皮魚片）…… 60g
馬鈴薯 …… 1個
低筋麵粉 …… 1大匙
鹽 …… 適量
大蒜（切碎。油漬）…… 少量
E.V.橄欖油 …… 適量
甜菜泥（以下的配比）…… 1大匙
甜菜（切薄片）…… 1個
鹽 …… 適量
水 …… 適量
E.V.橄欖油 …… 少量
完成
酢漿草葉、黑胡椒 …… 各適量

製作方法

1 鮪魚切成長約10cm的棒狀2條。兩面撒上鹽，再撒上油漬大蒜。

2 馬鈴薯去皮用刨切器刨成短籤狀。放入缽盆中，撒入鹽和低筋麵粉，混拌使其產生黏性作為麵衣使用。

• 用番薯或櫛瓜來製作也很美味。

3 將**2**的麵衣舖放在保鮮膜中，再擺放鮪魚，使麵衣均勻包覆全體，用保鮮膜包覆並整型成圓柱狀。

• 要注意避免包覆過多麵衣。過厚時會影響與鮪魚間的均衡風味，也會不容易受熱。

4 在平底鍋中倒入E.V.橄欖油，以中火加熱，**3**的鮪魚除去保鮮膜放入鍋中。每一面都確實煎至呈色，不時地將鍋中油脂澆淋在食材表面。待全體呈色後，放入180℃的烤箱烘烤約5分鐘，至中央受熱熟透。

起司用的刨切器，利用較細的孔洞削切出短籤狀的馬鈴薯。

5 ＜**甜菜泥**＞在鍋中放入E.V.橄欖油和甜菜，以小火加熱。撒上鹽，拌炒釋出其中的甜味，待炒軟後，加入足以淹蓋食材的水，蓋上鍋蓋蒸煮30～45分鐘。用食物料理機攪打成泥狀，放回鍋中加熱，混拌少量的E.V.橄欖油。

盛盤
在盤中舖放甜菜泥，分切香煎鮪魚盛盤。用酢醬草葉片盤飾，並撒上黑胡椒。（烹調：S）

用低筋麵粉結合馬鈴薯的麵衣，均勻地包覆住棒狀的鮪魚後烘煎。

網烤鮪魚、酸豆番茄醬汁

冬

材料（1人份）
鮪魚（赤身去皮魚片）…… 80g
大蒜（切碎。油漬）…… 少量
紅辣椒 …… 少量
番茄醬汁（p.80）…… 80g
酸豆（醋漬）…… 1大匙
奧勒岡（Oregano）…… 1小撮
平葉巴西里（略切）…… 1大匙
鹽 …… 適量
E.V. 橄欖油 …… 適量
完成
野苣（Mache）…… 適量

製作方法

1 鮪魚，兩面撒上鹽，塗抹E.V. 橄欖油。以大火加熱烤板，擺放鮪魚後改為中火，烘烤至表面呈現格子烤紋，翻面同樣地烘烤。完成時中央部分仍保持生魚狀態。

2 在平底鍋中放入大蒜、紅辣椒、E.V. 橄欖油，以中火加熱，至大蒜淡淡地呈色後，加入番茄醬汁邊混拌邊加熱。加入酸豆、奧勒岡、平葉巴西里，迅速混拌增添香氣。

盛盤
將醬汁舖放於盤中，擺上切片後的鮪魚，飾以野苣。
（烹調：S）

在烤板上烘烤至鮪魚散發香氣，表面呈現格狀烘烤紋，中央仍是生魚狀態。

馬加魚醃泡與蔬菜薄片

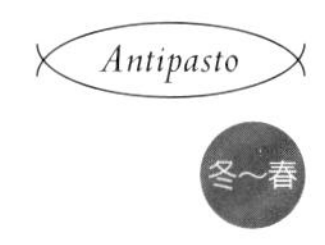

材料（1人份）
馬加魚（去皮魚片）…… 80g
紅酒醋 …… 20ml
西瓜蘿蔔＊（切薄片）…… 4片
鹽 …… 適量
完成
芽菜（紫甘藍）、蔬菜嫩芽（莧菜Amaranthus、紅酸模Rumex sanguineus、蒔蘿、香葉芹）…… 各適量
E.V. 橄欖油 …… 適量

＊**西瓜蘿蔔**／用冰水沖洗使其鮮脆，以廚房紙巾包覆擰乾水份。櫻桃蘿蔔、或常見的蕪菁、蘿蔔都一樣。

製作方法

1 馬加魚斜向片切成5mm的寬度。

2 排放在盤中，撒上鹽，澆淋紅酒醋。包覆保鮮膜靜置於冷藏室醃泡3～5分鐘。
- 用醋的酸味使魚肉顏色變白即可。

盛盤
馬加魚片以廚房紙巾吸淨水份，連同西瓜蘿蔔一起捲成圓錐狀立體地盛盤。撒上芽菜、蔬菜嫩芽、蒔蘿、香葉芹。澆淋E.V. 橄欖油。　（烹調：H）

斜向片切的馬加魚片表面淋上紅酒醋，短時間醃泡約3～5分鐘即完成。

石狗公‧平鮋

石狗公和平鮋，都是飽含脂肪魚肉結實的美味白肉魚。作為義式生醃冷盤(carpaccio)等生食就非常美味，也適合加熱地煮、炸等烹調。在此是以簡單的番茄風味義大利麵醬汁、燉飯、香煎、油炸的醋漬風味。

Risotto allo scorfano, sapore di zafferano

番紅花風味的石狗公燉飯

Paccheri con "Mebaru" in umido

寬管麵與燉煮平鮋醬汁

"Mebaru" saltato con kataifi e verdure verdi

香煎平鮋和綠色蔬菜

Escabeche di scorfano

醋漬油炸石狗公

寬管麵與燉煮平鮋醬汁

材料（2人份）
寬管麵Paccheri …… 40g
鹽 …… 煮麵用熱水的1%
平鮋＊ …… 1條（約300g）
白酒 …… 50ml
水 …… 250ml
水煮番茄＊（罐裝） …… 100g
鹽 …… 適量
E.V. 橄欖油 …… 適量
完成
平葉巴西里（略切） …… 適量

＊平鮋／刮除魚鱗，除去內臟用水沖洗，所有的魚鰭都用剪刀修短。

＊水煮番茄／照片當中是使用小番茄的罐頭。若是優質產品，就能熬煮出酸甜且濃郁的番茄醬汁。

製作方法

1 在平鮋魚肉較厚的部分，兩面都用刀劃切深入的切紋，撒上鹽，連腹部內側都撒上鹽。

2 在平底鍋中倒入E.V. 橄欖油，放入平鮋，以中火加熱。兩面烘煎至呈色後，加入白酒，加水，以大火煮至沸騰。

3 加入水煮番茄，使煮汁與番茄融合，邊將煮汁澆淋至平鮋，邊熬煮約10分鐘。

4 期間，用含鹽熱水燙煮寬管麵約14分鐘。

5 將瀝乾水份的寬管麵加入**3**的醬汁中，使其吸收美味醬汁，煮2～3分鐘。

盛盤
避免破壞平鮋形狀地盛盤，澆淋寬管麵和醬汁，撒上平葉巴西里。
（烹調：H）

整條香煎的平鮋，搭配水煮番茄的醬汁燉煮而成。

番紅花風味的石狗公燉飯

材料（2人份）
米（Carnaroli） …… 40g
石狗公（帶皮魚肉。切成一口大小） …… 100g
豆苗（長度對半分切） …… 15g
紅蔥頭（切碎） …… 4g
奶油 …… 10g
魚高湯（p.76） …… 約300ml
番紅花 …… 1小撮
帕瑪森起司 …… 1大匙
鹽 …… 適量
E.V. 橄欖油 …… 適量
完成
蔬菜嫩芽（莧菜Amaranthus） …… 適量

製作方法

1 在淺鍋中或平底鍋中放入奶油和紅蔥頭，以中火加熱，緩慢地拌炒。待散發香氣後加入米拌炒。

2 待米溫熱與奶油融合後，加入足以覆蓋米粒的魚高湯，用鹽略微調味。以小火不時混拌地熬煮。熬煮至看見米粒時，再次加入足以覆蓋米粒的高湯，重覆數次約煮10分鐘。

3 在另一個平底鍋中倒入E.V. 橄欖油，放入石狗公，撒上鹽。用大火拌炒至全體呈現金黃色。

4 在**2**的米飯中放入石狗公和番紅花，再次補足高湯熬煮約5分鐘。完成時加入豆苗和帕瑪森起司，用木杓使其融合地混拌。

• 石狗公幾乎完全看不出形狀，半是搗碎半是鍋中震盪，與米粒充分融合呈現出整體感。

盛盤
在盤中盛放燉飯，撒上蔬菜嫩芽。
（烹調：K）

一口大小的石狗公另行拌炒備用，在燉煮過程中添加，可以更增添並釋放出美味。

香煎平鮋和綠色蔬菜

秋～冬

材料（1人份）

平鮋（三片切法）…… 80g

鹽 …… 適量　　蛋白 …… 少量

麵衣

極細麵kadaif ＊ …… 20g　　迷迭香（切碎）…… ½小匙

百里香（切碎）…… ½小匙

綠蘆筍 …… 1根　　甜豆 …… 2根

豌豆 …… 2根　　E.V.橄欖油 …… 適量

完成

巴薩米可醋＊ …… 適量

食用花（edible flower）…… 適量

＊ **kadaif** ／用麵粉製成的極細麵。大多用於包裹食材油炸或煎烤，會有爽脆的口感。

＊**巴薩米可醋**／可以熬煮至產生稠濃。

製作方法

1 將極細麵搗成細碎，與迷迭香和百里香混拌。

2 在平鮋的魚皮上劃出2道切紋，兩面撒鹽。僅在魚皮面用刷子刷塗蛋白，撒上極細麵的碎麵衣。

• 在香煎平鮋時，一旦魚皮收縮，麵衣也會無法漂亮沾裹，因此劃入切紋以防魚皮的收縮。

3 在平底鍋中倒入E.V.橄欖油，平鮋魚皮朝下地放入鍋中。將綠蘆筍、甜豆、豌豆並排在周圍，以中火加熱。極細麵香煎出香氣並呈現金黃色，同時平鮋也約有7分熟。翻面，略微烘煎即取出。蔬菜翻面後煎至全熟。

盛盤

在盤上淋入巴薩米可醋，將平鮋與蔬菜排放出漂亮的形狀盛盤，撒上食用花。（烹調：H）

混合了香草的極細麵kadaif，僅沾裹在平鮋的魚皮面。香煎後會產生香香脆脆的口感。

用麵粉製成的極細麵kadaif。打散後包覆食材，大多用於油炸、煎烤等，在此是將其搗成細碎狀用於取代麵衣。

醋漬油炸石狗公

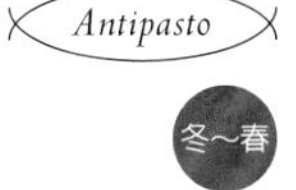

冬～春

材料（1人份）

石狗公（帶皮魚肉）…… 60g

鹽、低筋麵粉 …… 各適量

炸油 …… 適量

醃泡液

洋蔥（切薄片）…… ½個

月桂葉 …… 1片

白酒 …… 100ml

白酒醋 …… 100ml

細砂糖 …… 20g

鹽 …… 2g

E.V.橄欖油 …… 適量

完成

紫洋蔥＊（切成圓片）…… 適量

酢醬草葉、旱金蓮（Nasturtium）葉、食用花 …… 各適量

E.V.橄欖油 …… 適量

＊**紫洋蔥**／以冰水沖洗至爽脆，用廚房紙巾包覆擰乾水份。

製作方法

1 將石狗公切成一口大小，撒上鹽沾裹低筋麵粉。以160℃的炸油將其油炸至表面呈色，中央熟透。用廚房紙巾吸去油脂。

• 油炸不完全時，在浸漬醃泡液時魚肉容易崩散，因此要確實固定表面地進行油炸。

2 ＜**醃泡液**＞在鍋中倒入E.V.橄欖油，放進洋蔥，以小火加熱拌炒至釋出甜味。加入其他材料，沸騰後熄火。

3 將石狗公放入容器內，澆淋醃泡液，使石狗公完全浸漬。待降溫後放入冷藏室靜置醃泡一晚。

• 魚和醃泡液，或任一方沒有在溫熱時混合，味道都不容易滲入吸收。

盛盤

石狗公與醃泡液中的洋蔥一起盛盤，擺放紫洋蔥、酢醬草葉、旱金蓮葉、食用花。少量逐次澆淋醃泡液和E.V.橄欖油。

（烹調：K）

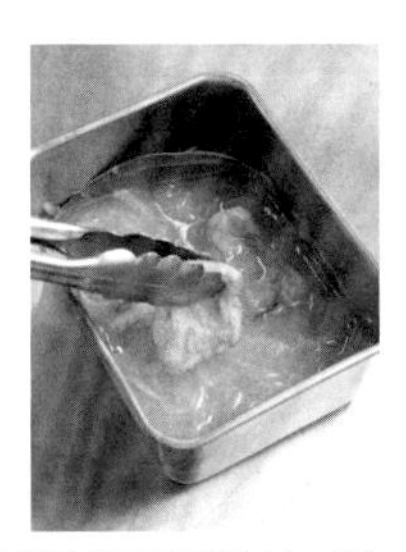

剛完成油炸的石狗公，趁熱放入醃泡液中浸漬一晚，石狗公完全浸入醃泡液中，吸收飽含美味。

櫻花蝦・銀魚

使用在產地以鹽水燙煮的櫻花蝦和銀魚。雖然體積很小，但營養美味。可以製成義大利麵的醬汁、用作披薩麵團風味的炸麵包「Zeppoline」或混入蛋餅「Frittata」，有各式各樣的變化。櫻花蝦和銀魚也可以相互替換。

Sciaratelli ai "Sakuraebi" ed asparagi

櫻花蝦和蘆筍的拿坡里手工麵

Frittata ai bianchetti

銀魚義式蛋餅

Fedelini ai bianchetti e "Komatsuna"

銀魚和小松菜的細麵

Zeppoline ai "Sakuraebi"

櫻花蝦的炸麵包

櫻花蝦和蘆筍的拿坡里手工麵

材料（2人份）
拿坡里手工麵Sciaratelli（下述的配比）…… 70g
高低麵粉 …… 250g
雞蛋½個＋牛奶 …… 120～130g
帕瑪森起司 …… 10g
鹽 …… 3g
E.V.橄欖油 …… 5g

鹽 …… 煮麵用熱水的1%

蝦花蝦（燙煮過）…… 40g
綠蘆筍（斜切薄片）…… ½根
大蒜（切碎。油漬）…… 1小匙
紅辣椒 …… ½根
E.V.橄欖油 …… 適量

製作方法

1 <**拿坡里手工麵**>在高筋麵粉中加入其他所有的材料，混合拌勻並整合成團。不斷地揉和後，整理形狀以保鮮膜包覆，於冷藏室靜置一晚。擀壓使其成為4mm厚的麵團，分切成長8cm、寬1cm的帶狀。

2 用含鹽熱水將拿坡里手工麵燙煮7分30秒。燙煮完成前2分鐘，放入綠蘆筍一起燙煮。

3 在平底鍋中倒入少量E.V.橄欖油，拌炒櫻花蝦。
• 使水份揮發濃縮美味，釋出香氣。櫻花蝦的顏色變深，晃動平底鍋時會聽到沙沙的乾燥聲即已完成。

4 在另一個平底鍋中放入E.V.橄欖油、大蒜和紅辣椒，以中火拌炒。至大蒜淡淡地呈色時，放入略淹蓋食材的水份，加入拌炒過的櫻花蝦，煮約1分鐘就能釋放出其中的美味。
• 湯汁中略帶紅色，即已完成。

5 放入瀝乾水份的拿坡里手工麵和綠蘆筍，充分拌炒使其入味。盛盤。（烹調：H）

用加入帕瑪森起司的麵團製作成的「拿坡里手工麵Sciaratelli」，略有厚度。

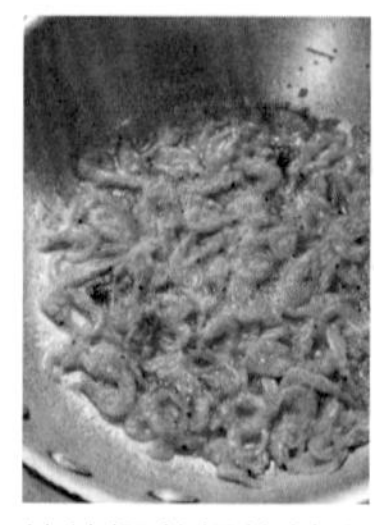

拌炒櫻花蝦使其水份揮發後，在橄欖油和水中熬煮出美味製成醬汁。

銀魚義式蛋餅

材料（直徑9cm、深4cm的小鐵鍋1個）
銀魚（燙煮過）…… 50g
雞蛋 …… 2個
鮮奶油 …… 10g
細香蔥（切成小圓片）…… 10g
格拉娜・帕達諾起司（Grana Padano）＊（刨成粉）…… 10g
E.V.橄欖油 …… 適量

＊**格拉娜・帕達諾起司（Grana Padano）**／與帕瑪森起司是同樣的硬質起司，風味略淡於帕瑪森起司。

製作方法

1 在缽盆中放入雞蛋和鮮奶油，用攪拌器攪散，確實攪散蛋白。加入銀魚、細香蔥、格拉娜・帕達諾起司混拌。

2 直接用火加熱小鐵鍋或耐熱容器，倒入E.V.橄欖油。倒入**1**的蛋液，略放置後以180°C的烤箱烘烤6～8分鐘。
• 平淺的容器可以迅速地受熱，約4分鐘。無論使用哪一種，都是以中芯烘烤成濃稠柔軟為目標。櫻花蝦、小干貝、石蓴、海苔、羊栖菜都很適合搭配。

盛盤
直接將容器盛放在盤中。（烹調：S）

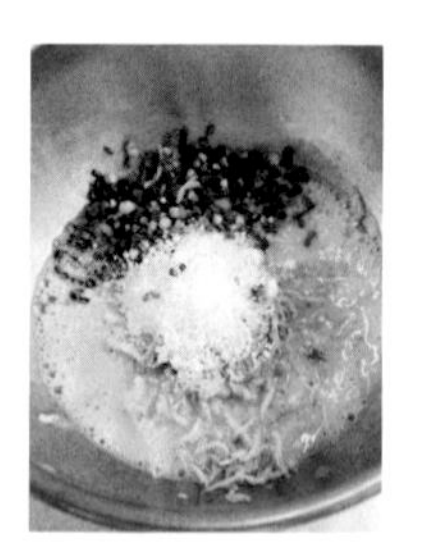

打散雞蛋後，混拌材料，銀魚和起司都含有鹽份，因此不用再添加鹽。

櫻花蝦的炸麵包

春、秋

材料（15個）
蝦花蝦（燙煮過）······70g
青海苔······25g
炸麵包Zeppoline的麵團
高筋麵粉······150g
E.V.橄欖油······3g
酵母（乾燥）······1.5g
細砂糖······3g
鹽······2g
水······160ml

炸油······適量

製作方法

1 炸麵包麵團材料中，除了水之外全部放入缽盆，邊加水邊用攪拌器圈狀混拌。充分混拌至完全沒有結塊為止。
• 混拌不足時，油炸後就不會出現Q彈的口感。

2 加入櫻花蝦和青海苔，用橡皮刮刀粗略地均勻拌入。覆蓋上保鮮膜置於室溫下，使其發酵40分鐘～1小時。約膨脹成1.5倍大。

3 炸油加熱至170℃。將大餐匙浸泡炸油後，舀取滿滿的麵團，連同大湯匙一起放入炸油中後，麵團脫離湯匙。
• 舀取麵團時若混拌，則會導致麵團中的氣泡消失，因此1次舀取後立即放入炸油中。麵團無需整型成球狀，以滑落炸油的自然形狀即可。

4 數度翻面地油炸3～5分鐘。取出放置在廚房紙巾上，瀝去油脂，盛盤。
• 從麵團中冒出的氣泡變小，表面成黃金色澤並呈現硬脆狀時，即是中芯處已受熱的證明。經過一段時間變冷後，可以放入烤箱溫熱，炸麵包表面又會重新恢復香脆和美味。
• 炸麵包添加青海苔是最基本的口味，櫻花蝦能增添風味又能呈現漂亮顏色，因此試著組合看看。其他的小干貝、帆立貝、牡蠣、銀魚等也都很適合。　（烹調：H）

湯匙先沾裹上炸油後再舀取麵團，如此就能輕易地使麵團滑落至炸油中。適溫為170℃。

銀魚和小松菜的細麵

春、秋

材料（1人份）
細麵Fedelini＊······80g
鹽······煮麵用熱水的1%
銀魚（燙煮過）······70g
小松菜（粗略分切）······1棵
大蒜（切碎。油漬）······1小匙
紅辣椒······½根
E.V.橄欖油······適量
水······150ml
鹽······適量

＊**細麵Fedelini**／銀魚雖然鹹味較重但味道清淡，因此風味上會輸給像直麵Spaghetti般粗的義大利麵。細麵Fedelini的粗細程度是最適當的平衡。

製作方法

1 在平底鍋中倒入E.V.橄欖油，放進大蒜、紅辣椒，以中火加熱，拌炒。

2 加熱至大蒜開始淡淡地呈色後，加入100ml的水降低溫度，放進銀魚混拌。銀魚變軟後加入小松菜，再加入50ml的水份，加熱至小松菜完全煮熟。

3 用加鹽熱水燙煮細麵，煮4分鐘。
• 將瀝乾水份的細麵放入銀魚醬汁中，以長筷混拌並晃動平底鍋，使其入味。少量逐次地補入水和E.V.橄欖油，使油和水份取得平衡地乳化，盛盤。　（烹調：S）

拌炒銀魚和小松菜中加入水份煮，加入帶葉片的蔬菜可以抑制鹹味，也能增添風味。

梭子魚‧三線磯鱸

梭子魚與三線磯鱸都是最受歡的美味白肉魚。生食時，可烘烤魚皮地帶皮烹調就很美味，在此僅炙烤魚皮，魚肉保持生食地製作義大利麵。若是加熱烹調時，相較於燉煮，則更適合煎烤。梭子魚則搭配馬鈴薯製成凍派Terrina，三線磯鱸則是香煎。

Fedelini freddi con luccio di mare e "Myoga"
炙燒梭子魚和茗荷的冷製細麵

Terrina di luccio di mare e patate

梭子魚和馬鈴薯的凍派

"Isaki" saltato con pure di fagioli

香煎三線磯鱸、白腎豆泥

Spaghetti al pesto genovese con "Isaki"

炙燒三線磯鱸和綠色蔬菜的
熱內亞青醬直麵

炙燒梭子魚和茗荷的冷製細麵

材料（1人份）
細麵Fedelini …… 40g
鹽 …… 煮麵用熱水的1%
冷卻義大利麵的冰水 …… 適量
梭子魚（三片切法）…… 1片（80g）
茗荷（切絲）…… 2個
毛豆（用鹽燙煮過）…… 10粒
水果番茄＊（1cm塊狀）…… ½個
檸檬汁 …… 少量
E.V.橄欖油 …… 適量
鹽 …… 適量
完成
香葉芹 …… 適量

＊**水果番茄** / 熱水汆燙去皮（帶籽）。

製作方法

1 用加鹽熱水燙煮細麵，燙煮時間較標示略長，約7分10秒。

2 在梭子魚兩面撒上鹽，魚皮用噴槍燒炙，燒出香氣。靠近魚頭將近一半份量的魚肉分切成寬1cm的片狀，其餘則切成粗粒狀。

3 在缽盆中放入毛豆、水果番茄，撒入鹽和E.V.橄欖油充分混拌，製作醬汁。
• 不夠滑順時，可加少量的水。

4 待細麵完成燙煮後，瀝乾水份放入冰水中，揉搓般地使其充分冷卻。用廚房紙巾包覆，確實擰乾水份。

5 將細麵放入**3**的醬汁中混拌。不夠滑順時可加入少量的水份混拌，再加入鹽和E.V.橄欖油，拌均勻。最後放入茗荷，加入檸檬汁和E.V.橄欖油混拌。

盛盤
將細麵捲成一口食用的大小盛盤，擺放醬汁與食材，包含切成粗粒的梭子魚。最後將切成1cm寬的梭子魚片置於頂端，以香葉芹裝飾。
（烹調：S）

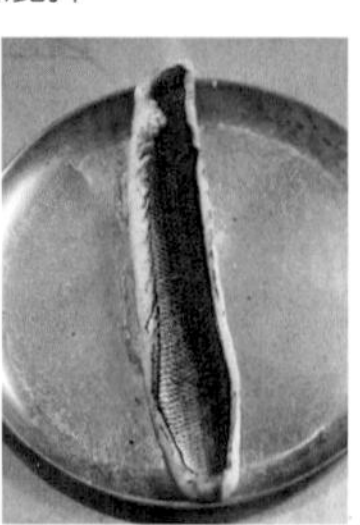
僅用噴槍炙烤梭子魚皮，魚肉仍是生的，也可以用平底鍋炙燒魚皮。

梭子魚和馬鈴薯的凍派

材料（10×13cm、高5.5cm的模型1個）
梭子魚（三片切法）…… 4片　鹽 …… 適量
低筋麵粉 …… 適量　E.V.橄欖油 …… 適量
馬鈴薯泥
馬鈴薯 …… 大型1個
大蒜（切碎。油漬）…… ½小匙
迷迭香（切碎）…… 1枝　E.V.橄欖油 …… 適量
梭子魚高湯（以下的配比）…… 100ml
梭子魚雜 …… 2條的量
水 …… 足以淹蓋食材的量
蔬菜沙拉
葉菜類（紫甘藍、苦苣、芝麻葉）…… 各適量
紅酒醋、E.V.橄欖油、鹽 …… 各適量
完成
平葉巴西里（略切）…… 適量　檸檬 …… ¼個
預備模型 / 使左右兩側的烤盤紙各向外垂落5cm地舖入模型內

魚雜放入烤箱烘烤使魚腥味揮發，骨頭中的水份揮發也會帶走魚腥味。

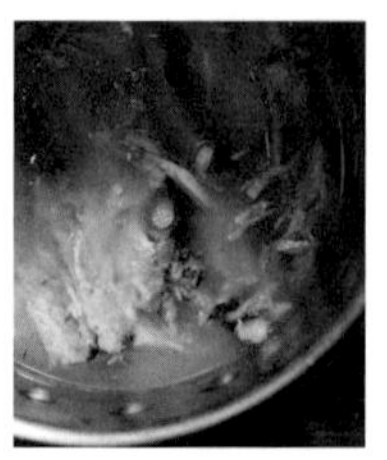
烘烤過的魚雜放入水中熬煮約30分鐘，就能熬出濃郁美味的高湯。

梭子魚和馬鈴薯泥交替地層疊5層。

製作方法

1 <**梭子魚高湯**>梭子魚的魚雜用水沖洗後拭乾水份，放入200℃的烤箱烘烤約5分鐘。將烤過的魚雜和水一起放入鍋中煮至沸騰，邊撈除浮渣邊用中火約熬煮30分鐘，煮至剩½量時，過濾。

2 <**馬鈴薯泥**>馬鈴薯帶皮煮至柔軟，粗略分切。在平底鍋中放入E.V.橄欖油和大蒜，以中火加熱，至大蒜呈色後，放入馬鈴薯邊搗碎邊混合拌炒。加入梭子魚高湯的½量左右，拌炒。待水份減少後，加入迷迭香和其餘的高湯，繼續搗碎拌炒，完成略有塊狀殘留的馬鈴薯泥。
• 高湯一次全部加入時，在馬鈴薯吸收湯汁的美味前就會揮發了，因此要分成2次加入。

3 在梭子魚兩面撒上鹽，分切成較模型略長的大小。
• 加熱後魚肉會略略收縮，因此要預留收縮的長度。變短時可組合魚片地填滿。

4 在模型底部將魚皮朝下地排放2片梭子魚。填入半量的馬鈴薯，再將魚皮朝上地排放2片梭子魚。重覆此一作業。覆蓋上垂放在左右兩側的烤盤紙，連同模型數次向下敲放至工作檯上以排出空氣。

5 用180℃的烤箱烘烤35℃。降溫後，置於冷藏室1小時使其冷卻凝固，會比較容易分切。

6 連同烤盤紙從模型中取出凍派，分切成略大於1cm厚度，撒上低筋麵粉。在平底鍋中倒入E.V.橄欖油，以中火加熱，將凍派兩面煎至散發香氣，再以180℃的烤箱溫熱2～3分鐘。
• 最後的烘烤，也可以用微波爐（500W）取代。最初烤箱烘烤完成時，已可食用了，但將表面煎至香脆，與內側梭子魚和馬鈴薯的鬆綿柔軟，形成口感及風味的對比，可以更增加美味。

7 用紅酒醋、E.V.橄欖油和鹽混拌葉菜類。

盛盤
將葉菜沙拉盛盤，旁邊擺放凍派，撒上平葉巴西里，搭配檸檬。
（烹調：S）

香煎三線磯鱸、白腎豆泥

材料（1人份）
三線磯鱸（帶皮魚肉）…… 60g
鹽 …… 適量
E.V. 橄欖油 …… 適量
醋醃豆芽（以下的配比）…… 40g
豆芽 …… 1袋
白酒 …… 100ml
白酒醋 …… 100ml
月桂葉 …… 1片
細砂糖 …… 20g
鹽 …… 2g
白腎豆泥（以下的配比）…… 20g
白腎豆（乾燥）…… 100g
水 …… 足以淹蓋食材的用量
鹽 …… 適量
完成
蔬菜嫩芽（野苣Mache）…… 適量
E.V. 橄欖油 …… 適量

製作方法

1 在三線磯鱸兩面撒上鹽。

2 在平底鍋中倒入E.V. 橄欖油，三線磯鱸的魚皮朝下放入鍋中，以中火加熱。避免魚皮收縮地按壓魚肉，確實烘煎至呈現烤色。

3 不密合地蓋上鍋蓋，利用蒸氣略蒸。待魚肉熟透，表面變白後翻面，立即熄火。
• 一旦鍋蓋完全密合，香煎至香脆的魚皮會因而變軟。

4 ＜**醋醃豆芽**＞在鍋中放入豆芽之外的所有材料，加熱至沸騰。趁熱澆淋在豆芽上，醋醃3～4小時。盛盤時瀝乾水份，溫熱。

5 ＜**白腎豆泥**＞白腎豆用水浸泡一晚還原。在鍋中放入白腎豆，加入足以淹蓋的水量和鹽，煮至柔軟約15～20分鐘。瀝乾水份後放入食物料理機，補入少量煮汁攪打成泥狀。盛盤時放入鍋中回溫。

盛盤
將白腎豆泥舖放在盤底，擺放三線磯鱸。佐以醋醃豆芽和野苣，澆淋E.V. 橄欖油。　（烹調：K）

配菜的白腎豆泥，僅以鹽調味，烘托出豆類的風味。

炙燒三線磯鱸和綠色蔬菜的熱內亞青醬直麵

材料（1人份）
直麵 Spaghetti（直徑1.6mm）…… 80g
鹽 …… 煮麵用熱水的1%
三線磯鱸（帶皮魚肉）…… 45g
水芹菜＊（粗略分切）…… 10g
鴨兒芹（粗略分切）…… 10g
西洋菜（粗略分切）…… 10g
鹽 …… 適量
熱內亞青醬（Pesto Genovese）＊
（以下的配比）…… 35g
羅勒 …… 10g
松子＊ …… 1g
E.V. 橄欖油 …… 約30g
鹽 …… 1g

隔水加熱用熱水 …… 適量

＊水芹菜、鴨兒芹、西洋菜的綠葉蔬菜，建議也可用芝麻葉和番茄的組合來替代。

＊**熱內亞青醬（Pesto Genovese）**／基本上雖然會加入起司，但本店是不添加起司的清爽風味基底，配合料理可以直接使用或是完成時添加起司調整。

＊**松子**／以160℃的烤箱烘烤5分鐘。

製作方法

1 用加鹽熱水燙煮直麵，燙煮時間較標示略短，約6分鐘。

2 在三線磯鱸兩面撒上鹽，魚皮用噴槍燒炙加熱，燒出香氣。分切成寬1cm的片狀。

3 ＜**熱內亞青醬**＞松子、鹽和半量的E.V. 橄欖油放入食物料理機攪打。加入羅勒和其餘的E.V. 橄欖油攪拌，完成泥狀醬汁。

4 在缽盆中放入熱內亞青醬以少量煮麵湯汁稀釋，加入水芹菜、鴨兒芹、西洋菜粗略混拌。

5 待直麵完成燙煮後，瀝乾水份放入**4**的熱內亞青醬缽盆中。在缽盆下墊放裝滿熱水的鍋子，邊隔水加熱邊充分混拌。用鹽調整風味，盛盤。
• 蔬菜和三線磯鱸都是生鮮狀態混合，利用隔水加熱使其溫熱，完成類似溫沙拉般的成品。　（烹調：K）

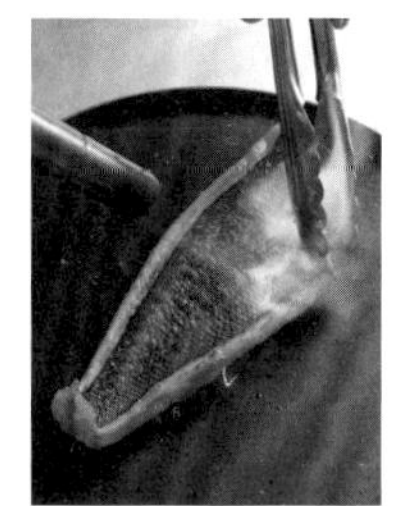

炙燒三線磯鱸的表皮。與生魚片中「炙燒霜造」相同，可除去魚腥，也能美味地食用魚皮。

金目鯛・竹筴魚

在本店大多用作「義式水煮魚Acqua pazza」的金目鯛，是富含油脂的優雅美味，無論什麼料理都很適合。在此利用蒸煮（vapore）和汆燙製作義式生醃冷盤（carpaccio）風味，活用魚類原味地完成。竹筴魚形狀容易崩散，使用在燉飯和魚丸「Canederli」。

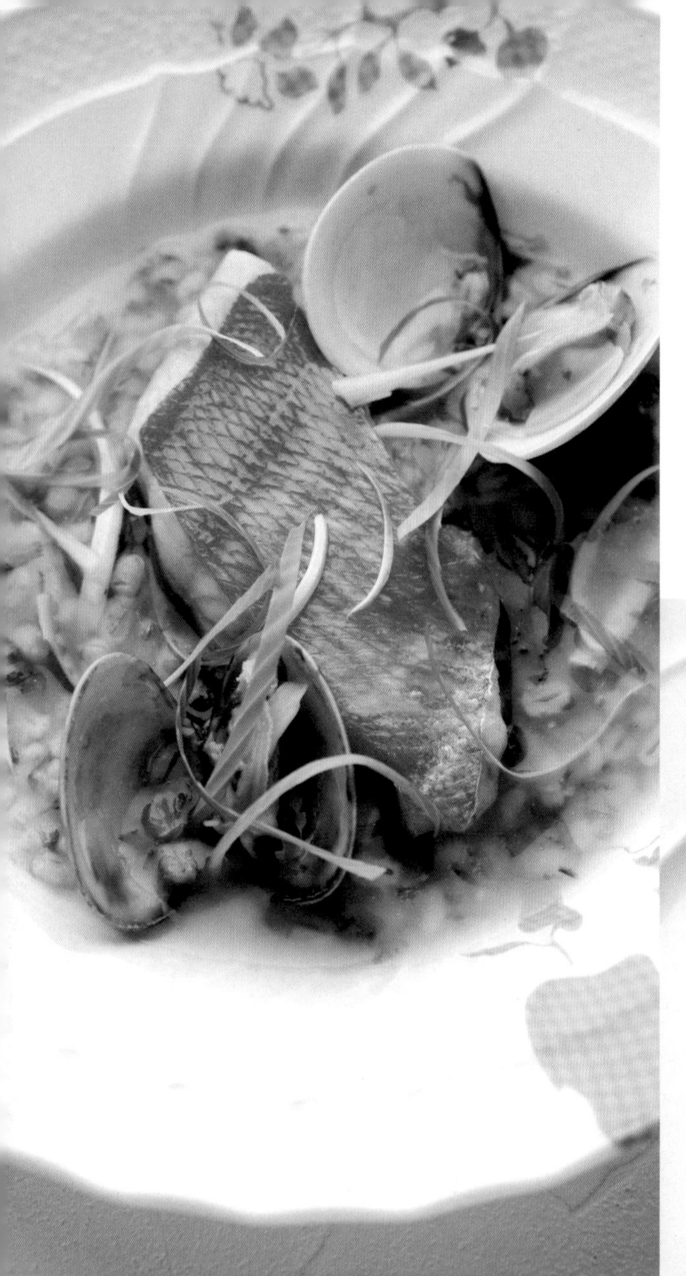

Berice rosso al vapore e orzotto

蒸金目鯛和青海苔的義式燴麥飯

Berice rosso scottato alla bottarga

汆燙金目鯛和白蘆筍泥、烏魚子粉

Canederli di suro

竹筴魚與櫛瓜的燉飯

Risotto con suro e zucchine

義式竹筴魚丸

蒸金目鯛和青海苔的義式燴麥飯

冬～初春

材料（2人份）
大麥（丸麥）…… 40g
金目鯛（帶皮魚肉）…… 80g
花蛤 …… 2個
蛤蜊 …… 2個
魚高湯（p.76）…… 100ml
青海苔 …… 5g
鹽 …… 適量
完成
大葉玉簪（Hosta）（切絲）…… 2根

製作方法

1 用加鹽熱水燙煮大麥，以網篩瀝乾熱水。
• 完成具顆粒口感又柔軟的狀態。

2 在金目鯛兩面撒上鹽。在鍋中放入花蛤、蛤蜊、魚高湯，擺放金目鯛後蓋上鍋蓋，以大火加熱。蒸煮至貝類開殼後靜置數分鐘，使金目鯛中央部分完全蒸熟。取出金目鯛置於溫熱處。

3 在貝類的鍋中放入預先燙煮過的大麥。邊加熱邊使其吸收高湯，加入青海苔混拌。放回金目鯛，稍加溫熱。

盛盤
將大麥連同煮汁一起盛盤，擺放金目鯛、花蛤、蛤蜊。佐以大葉玉簪。 （烹調：K）

• Orzotto是利用大麥（Orzo）製作的燉飯風格料理。因為不會產生黏性，所以完成時也是清淡爽口的風味，營養價值也高，這樣的作法很常搭配魚類料理。

在義大利經常被用於沙拉或湯品的大麥。照片中是義大利製品，用含鹽熱水燙煮成柔軟後備用。

蒸煮金目鯛和貝類，加入燙煮的大麥和青海苔完成。

汆燙金目鯛和白蘆筍泥、烏魚子粉

材料（1人份）
金目鯛（帶皮魚肉）…… 50g
白蘆筍 …… 1根
檸檬汁 …… 1小匙
E.V.橄欖油 …… 1又½小匙
鹽 …… 適量
白蘆筍泥（以下的配比）…… 1大匙
白蘆筍（切薄片）…… 3根
洋蔥（切薄片）…… 1/8個
鹽 …… 少許
E.V.橄欖油 …… 適量
完成
烏魚子粉 …… 1小匙
蔬菜嫩芽（紅紫蘇）、芽菜（紫甘藍）…… 各適量
E.V.橄欖油 …… 適量
熱水、冷卻金目鯛的冰水 …… 各適量

製作方法

1 在金目鯛兩面撒上鹽，靜置30分鐘。魚皮朝上地放置在網架上，在魚皮上澆淋約2杯的熱水，立即放入冰水中冷卻約30秒。夾入廚房紙巾中拭乾水份。

2 金目鯛斜向片切成寬1cm的魚片，與鹽和E.V.橄欖油混拌。

3 用鹽水燙煮白蘆筍2～3分鐘，使其柔軟。半量切成2cm長，其餘縱向切薄片。用鹽、檸檬汁和E.V.橄欖油混拌調味。

4 ＜白蘆筍泥＞在鍋中倒入E.V.橄欖油，以小火加熱，仔細拌炒洋蔥和蘆筍。過程中撒鹽，拌炒至食材變軟後，加入少量的水後蓋上鍋蓋，煮至柔軟。與最少量的煮汁一起放入食物料理機內攪打，製成白蘆筍泥。

盛盤
在盤中央處舖放白蘆筍泥，立體地擺放金目鯛。**3**醃拌的蘆筍排放在魚肉之間，飾以蔬菜嫩芽和芽菜。撒上烏魚子粉，澆淋少量的E.V.橄欖油。 （烹調：K）

熱水澆淋金目鯛魚皮的「湯引法」，是保持魚肉的生鮮，但魚皮變得柔軟可食的技巧。

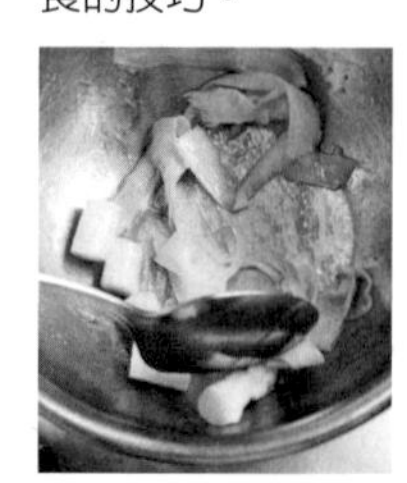

白蘆筍除了白蘆筍泥之外，預先燙煮後，與檸檬汁和橄欖油混拌作為配菜。

竹筴魚與櫛瓜的燉飯

春～夏

材料（2人份）
米（Carnaroli）…… 60g
竹筴魚（帶皮魚肉）…… 80g
櫛瓜（切成半月狀）…… ¼根
魚高湯（p.76）…… 約500ml
檸檬汁 …… 1小匙
奶油 …… 15g
鹽 …… 適量
E.V.橄欖油 …… 適量

製作方法

1 在鍋中放入奶油和米，以中火加熱，拌炒。

2 待米溫熱，與奶油融合後，倒入足以淹蓋米粒的魚高湯，用鹽略調味。不時地混拌並以小火熬煮。熬煮至魚高湯下降看得見米粒時，再次加入淹蓋米粒的魚高湯，重覆數次熬煮約5分鐘後，加入櫛瓜。再次加入高湯熬煮約5分鐘。

• 櫛瓜在早期加入，可以煮至柔軟之外，也能釋放出清甜及美味。

3 在這期間，烘烤竹筴魚。在竹筴魚的兩面撒上鹽，魚皮上刷塗E.V.橄欖油。魚皮朝下地擺放在烤板上，烤出香氣與格狀烤紋。翻面，再略加烘烤後取出，分切成2等分。

4 在**2**的燉飯中放入半量竹筴魚，用木杓搗散魚肉，隨時補足魚高湯地熬煮約5分鐘。

• 竹筴魚中央部份尚未全熟的程度，加入燉飯中一起熬煮，能夠釋放出其中的美味。

5 完成時用E.V.橄欖油和檸檬汁調整風味，熄火後加入其餘半量的竹筴魚粗略混拌。也加入少量E.V.橄欖油混拌，盛盤。（烹調：S）

櫛瓜以生鮮狀態、竹筴魚確實烘烤表皮後，在熬煮燉飯的過程中加入一起完成。

義式竹筴魚丸

春～夏

材料（2人份）
竹筴魚丸Canederli
竹筴魚（去皮魚片）…… 150g
麵包（略硬的法國麵包）…… 80g
牛奶 …… 適量
雞蛋 …… 1個
平葉巴西里（略切）…… 1枝
大蒜風味的E.V.橄欖油＊ …… 1小匙
魚高湯（p.76）…… 300ml
鹽 …… 適量
E.V.橄欖油 …… 適量
完成
水果番茄＊（5mm塊狀）…… ½個
蒔蘿、香葉芹 …… 各適量

＊**蒜漬油**／使用p.5的油。
＊**水果番茄**／熱水汆燙去皮，去籽。

製作方法

1 竹筴魚切分後放入食物調理機。麵包浸漬牛奶變軟後，擰乾水份撕開加入。再加入雞蛋、平葉巴西里、蒜漬油、鹽，攪打成有黏性的泥狀。

• 用研磨缽也可以，取少量試味道調整成適當的鹹味。

2 在鍋中煮沸熱水，添加鹽。用小匙舀取滿滿的竹筴魚泥，放入鍋中燙煮。浮起後取出。

3 溫熱魚高湯，用鹽和E.V.橄欖油調味。

盛盤
在湯盤中盛放高湯，再擺放竹筴魚丸。放上水果番茄、蒔蘿、香葉芹。（烹調：S）

• Canederli是義大利東北部的料理，多半以麵包為基底的馬鈴薯麵疙瘩gnocchi，很多會添加火腿或起司等混拌，製成湯品。

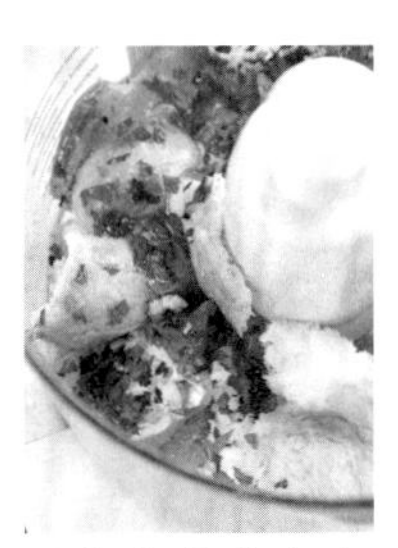

浸泡牛奶的麵包和雞蛋等與竹筴魚肉一起攪拌，是Canederli的材料。

作出一口大小的圓形，用含鹽熱水燙煮，浮出水面即是煮熟的證明。

秋刀魚・劍旗魚

義大利沒有秋刀魚，所以這是日本才有的義大利料理。介紹給大家的是燻製沙拉，和利用秋刀魚製作醬汁的手製義大利麵。燻製的香氣以及香脆的煎烤，具特色的秋刀魚風味由此而生。另一種劍旗魚是西西里等南義最經典常見的魚，傳統作法是檸檬醃泡和包捲香烤的魚卷「Involtini」。

Pesce spada m[illegible] al limone

劍旗魚檸檬醃漬

"Sanma" affumicato con insalata di melanzane e fichi

煙燻秋刀魚、茄子和無花果沙拉

Involtini di pesce spada

劍旗魚卷

Tagliolini con "Sanma" e pomodori secchi

秋刀魚和番茄乾的細寬麵、檸檬風味

煙燻秋刀魚、茄子和無花果沙拉

秋

材料（2人份）
秋刀魚（三片切法）…… 2片
燻製用木屑（櫻木）…… 20g
細砂糖 …… 5g
茄子（切成棒狀）…… 1個
無花果（切成月牙狀）…… ½個
紅酒醋 …… 5ml
E.V. 橄欖油 …… 5ml
薄荷葉 …… 15片
鹽 …… 適量
炸油 …… 適量
完成
食用花 …… 適量
蔬菜嫩芽（莧菜Amaranthus）…… 適量

製作方法

1 秋刀魚兩面撒上鹽，靜置15分鐘使鹽份滲入。

2 切成小塊的鋁箔紙上，擺放燻製用木屑和細砂糖，放入平底鍋中。架上烤網用大火加熱，開始出煙後擺放秋刀魚。蓋上鍋蓋燻製2分鐘左右，翻面再燻製2～3分鐘。

3 取出降溫後，用保鮮膜等包覆，靜置於冷藏室一晚熟成，使燻香更入味。

4 茄子放入160℃的炸油中直接油炸，油炸至呈現黃金色澤，用廚房紙巾瀝去油脂，撒上鹽。在缽盆中放入紅酒醋、E.V. 橄欖油、薄荷混拌，加入茄子混拌使其入味。放入無花果混拌。

盛盤
秋刀魚切成3～4等分，連同茄子、無花果一起盛盤，以食用花和蔬菜嫩芽裝飾。（烹調：K）

配菜的茄子切成細長狀直接油炸，用紅酒醋和薄荷醃拌。

劍旗魚檸檬醃漬

冬

材料（2人份）
劍旗魚＊（去皮魚片）…… 60g
檸檬（皮與果汁）…… ½個
佩克里諾起司＊（Pecorino）（切薄片）…… 適量
芝麻葉 …… 適量
黑胡椒粒 …… 適量
E.V. 橄欖油 …… 適量

＊**劍旗魚**／雖然在此使用的是魚腹肉，依個人喜好使用魚背肉也可以。

＊**佩克里諾起司（Pecorino）**／由羊奶製成的硬質起司。

製作方法

1 劍旗魚斜向片切成1mm厚的薄片。
• 使用魚背肉時，要先除去血合部分，僅使用白肉部分。

2 兩面撒上略多的鹽，澆淋檸檬汁。用保鮮膜貼合包覆，靜置約10分鐘使魚肉入味並且顏色變白。用廚房紙巾拭去水份。

盛盤
在盤中排放劍旗魚，散放佩克里諾起司和芝麻葉，撒上刨下的檸檬皮、現磨的黑胡椒，澆淋E.V. 橄欖油。
（烹調：K）

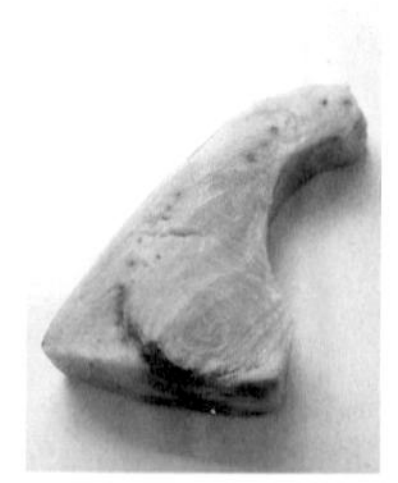

劍旗魚魚腹含較多脂肪，微黏的口感近似鮪魚，醃泡增添清新爽口的風味。

切成極薄的劍旗魚，用鹽、檸檬汁醋醃。魚肉顏色變白即已完成。

劍旗魚卷

冬

材料（1人份）
劍旗魚（去皮魚片）…… 60g
洋蔥（切成月牙狀）…… 2片
月桂葉 …… 2片
鹽 …… 適量
E.V. 橄欖油 …… 適量
填餡（以下的配比）…… 40g
麵包粉 …… 100g
酸豆＊（鹽漬）…… 1小匙
松子＊ …… 10g
帕瑪森起司 …… 1小匙
雞蛋 …… ⅓個
水 …… 1大匙
鹽 …… 適量
完成
平葉巴西里 …… 1枝
E.V. 橄欖油 …… 適量

＊**酸豆**／鹽漬酸豆先用水沖洗後，浸泡在水中半天，過程中替換2次清水以脫出鹽份。擠乾水份後使用。

＊**松子**／用160°C的烤箱烘烤5分鐘。

製作方法

1 劍旗魚切成2mm的薄片，兩面撒上鹽。

2 ＜**填餡**＞材料全部放入缽盆中，揉和混拌成糊狀。

• 雖然是以麵包粉為填裝的主體，但添加了酸豆、松子、起司增添美味，使風味更飽滿。在義大利會依當地或店家，而添加鯷魚或洋蔥等各式各樣的食材。

3 在1片劍旗魚上擺放20g的填餡，捲成圓柱狀。製作2個，用竹籤將洋蔥和月桂葉一起交替串起。

4 置於耐熱烤盤上，澆淋E.V. 橄欖油，放入200°C的烤箱烘烤約10分鐘。完成時撒上鹽。

盛盤
以竹籤串起的狀態盛盤，佐以平葉巴西里，澆淋E.V. 橄欖油。
（烹調：K）

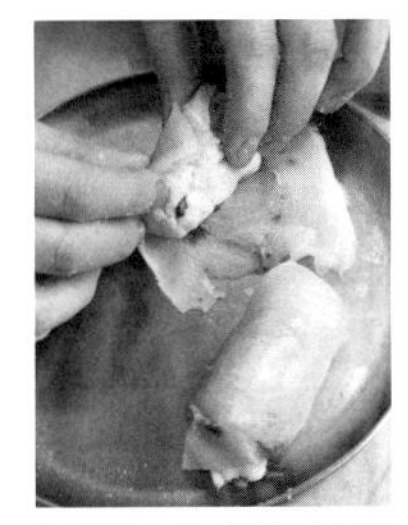
用薄片的劍旗魚將填餡包捲成圓柱狀，用竹籤串起幾個烘烤，在義大利是固定的製作方式。

秋刀魚和番茄乾的細寬麵、檸檬風味

秋

材料（1人份）
細寬麵 Tagliolini（以下的配比）…… 60g
高筋麵粉 …… 200g
杜蘭小麥粉（Rimacinata）…… 50g
雞蛋＊ …… 1個
蛋黃＊ …… 3個
鹽 …… 1.5g
E.V. 橄欖油 …… 5g

鹽 …… 熱水的1%煮麵湯汁用
秋刀魚（三片切法）…… 2片
大蒜（切碎。油漬）…… 1小匙
乾燥番茄（p.54）…… 10個
檸檬（皮與果汁）…… ¼個
芽菜（綠花椰菜）…… ⅕盒
E.V. 橄欖油 …… 適量
鹽 …… 適量

＊雞蛋和蛋黃混合調整成120～130g

製作方法

1 ＜**細寬麵 Tagliolini**＞在高筋麵粉和杜蘭小麥粉中加入其他所有的材料，混合拌勻並整合成團。在不斷地揉和後，整理形狀以保鮮膜包覆，於冷藏室靜置一晚。擀壓使其成為2mm厚的麵團，切成長18cm的大小，用義大利製麵機切成細寬麵的形狀。

2 在平底鍋中倒入少量E.V. 橄欖油，以中火加熱。秋刀魚兩面撒上鹽，魚皮朝下地放入鍋中，香煎至表皮香脆。翻面，用木杓邊搗碎邊進行烘煎。加入大蒜和E.V. 橄欖油，拌炒至呈色，加入少量的水稀釋使其入味。

3 用含鹽熱水燙煮細寬麵，約2分30秒。

4 完成燙煮的細寬麵瀝乾水份，加入秋刀魚鍋中，充分混拌。加入乾燥番茄和檸檬汁混拌，熄火，加入芽菜略混拌。

盛盤
盛盤，在上方刨下的檸檬皮。 （烹調：K）

用雞蛋揉和切成細條的手擀細寬麵 Tagliolini，使用了高筋麵粉和杜蘭小麥粉，呈現出絕佳的口感。

為活用秋刀魚本身的風味，將表皮烘煎至香脆，直接搗散作為義大利麵的醬汁。

星鰻·白帶魚

白肉魚當中，味道特別清淡、肉質鬆軟的首推星鰻和白帶魚。無論哪種烹調方法與食材都能搭配組合。用極細麵Kadaif包覆，內裡如同蒸煮般地炸星鰻、搭配蠶豆泥和香草麵包粉的烤白帶魚等，都是極為經典具代表性的料理。

Fritto di grongo con kataifi
油炸星鰻

Rotolo di pesce bandiera
白帶魚卷、 番紅花奶油醬汁

Tagliatelle al grongo e funghi
星鰻和蕈菇的手工寬扁麵

Pesce bandiera gratinato alle erbe con pure di fave

烤香草麵包粉白帶魚、佐蠶豆泥

油炸星鰻

材料（2人份）
星鰻（切開成一片）…… 1條（約80g）
日本大蔥（切片）…… ⅓根
生火腿（切薄片）…… 2～3片
極細麵Kadaif＊　20g
鹽…… 適量
E.V.橄欖油…… 適量
完成
葉菜（紫甘藍、苦苣、野苣）…… 各適量

＊ **kadaif** ／用麵粉製成的極細麵。大多用於包裹食材油炸或煎烤，會有爽脆的口感。

製作方法

1 將星鰻長度對切，各別在魚肉面間隔1mm細細劃切。在魚肉上略撒鹽。
・一旦劃切細刀紋，魚肉被切開後就很容易捲起，烘烤時也可以減少收縮。

2 以E.V.橄欖油拌炒日本大蔥，小火長時間拌炒出稠濃及甜味。

3 將炒過的日本大蔥平舖在星鰻的魚皮上。由邊緣開始捲成長卷狀，閉合接口朝上並覆蓋生火腿，包覆全體。
・生火腿不夠長露出的部分，可以用切成小塊的生火腿補足。

4 打散極細麵Kadaif薄薄地攤平，擺放長卷狀的星鰻捲起。
・極細麵Kadaif直接厚厚使用時，會不容易受熱並且口感過硬。

5 在平底鍋中放入略多的E.V.橄欖油，以中火加熱。將沾裹Kadaif的星鰻卷接口朝下地置入鍋中，一面一面地邊轉動邊煎炸至凝固，待全體呈現香氣和烤色後，放入180℃的烤箱烘烤5分鐘。
・因為極細麵Kadaif容易燒焦，因此在煎炸時必須注意，避免燒焦地呈現烤色。

盛盤
將葉菜舖放在盤上，分切星鰻卷後盛盤。　（烹調：S）

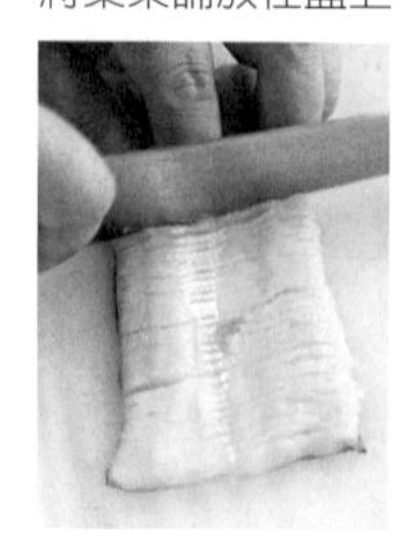
在魚肉上劃切細細的切紋。漂亮容易捲曲，口感變得柔軟。

在星鰻的魚皮表面排放炒過的日本大蔥，從邊緣捲起。

避免星鰻捲起的形狀崩壞，以生火腿包捲。

生火腿上薄薄地包捲極細麵Kadaif，因為極細麵也很脆弱易折，所以要很溫柔地進行。

白帶魚卷、番紅花奶油醬汁

夏～秋

材料（1人份）
白帶魚（帶皮魚肉）…… 80g
黑橄欖（去核。切碎）…… 20g
酸豆＊（鹽漬。切碎）…… 20g
平葉巴西里（略切）…… 適量
鹽…… 適量
番紅花奶油醬汁
鮮奶油…… 50ml
番紅花…… 1小撮
鹽…… 適量
完成
酸豆＊（鹽漬）…… 適量
平葉巴西里（略切）…… 適量

＊**酸豆**／鹽漬酸豆先用水沖洗後，浸泡在水中半天，過程中替換2次清水以脫出鹽份。擠乾水份後使用。

製作方法

1 白帶魚的兩面撒上鹽。混合黑橄欖、酸豆、平葉巴西里，將其平坦地舖放在白帶魚的魚肉面，用湯匙等按壓貼合。由邊緣開始捲起，以2根竹籤刺入固定。
・白帶魚肉很容易裂開，因此特別是包捲的烹調方式時，一定要細心作業。

2 用200℃的烤箱烘烤約10分鐘。

3 ＜**番紅花奶油醬汁**＞在小鍋中放入鮮奶油以中火加熱至沸騰。轉為小火，加入番紅花，熬煮至產生黏稠的濃度約⅔用量左右。用鹽調味。

盛盤
將番紅花奶油醬汁倒入盤中，擺放白帶魚，撒上酸豆和平葉巴西里。　（烹調：H）

在白帶魚上塗抹酸豆和橄欖，包捲，包捲後的圓卷狀就是Rotolo。

星鰻和蕈菇的手工寬扁麵

夏

材料（2人份）
寬扁麵Tagliatelle（以下的配比）…… 120g
杜蘭小麥粉（Rimacinata）…… 140g
高筋麵粉 …… 110g
雞蛋 …… 2個
鹽 …… 1g
E.V.橄欖油 …… 3g

鹽 …… 熱水的1%煮麵湯汁用
星鰻（切開成一片）…… 1條（約60g）
杏鮑菇（縱向切薄片）…… 20g
鴻禧菇（分成小株）…… 20g
舞菇（分成小株）…… 20g
大蒜（切碎。油漬）…… 1小匙
紅辣椒 …… ½根
平葉巴西里（略切）…… 適量
白酒 …… 30ml
奶油 …… 10g
鹽 …… 適量
E.V.橄欖油 …… 適量

製作方法

1 ＜**寬扁麵Tagliatelle**＞在杜蘭小麥粉和高筋麵粉中加入其他所有的材料，混合拌勻並整合成團。不斷地揉和後，整理形狀以保鮮膜包覆，於冷藏室靜置一晚。擀壓使其成為1mm厚的麵團，分切成長20cm、寬8mm。

2 星鰻長度對切為2，兩面撒上鹽。靜置約15分鐘，拭去魚肉釋出的水份。在平底鍋中倒入少量E.V.橄欖油，以中火加熱。星鰻魚皮朝下地放入鍋中。以鍋鏟邊按壓邊香煎。翻面後略煎即取出。

3 在同一平底鍋中，補足E.V.橄欖油，放入杏鮑菇、鴻禧菇、舞菇拌炒。撒入鹽，拌炒至釋出的水份揮發。充分拌炒後放入大蒜，拌炒至大蒜呈色後，加入紅辣椒，接著加入約80ml的白酒和水，煮至沸騰，撒入平葉巴西里混拌。

4 用含鹽熱水燙煮寬扁麵約3～4分鐘。

5 星鰻切出8mm左右的魚條，與**3**的菇類一起混拌，加入奶油使其融合。

6 完成燙煮的寬扁麵瀝乾水份，加入星鰻與醬汁中充分混拌。水份不足時，可添加水或煮麵湯汁混拌。盛盤。（烹調：S）

用雞蛋揉和的扁平寬扁麵，以杜蘭小麥粉為主體製作，可以嚐出強勁的嚼感。

烤香草麵包粉白帶魚、佐蠶豆泥

夏~秋

材料（1人份）
白帶魚（帶皮魚肉）…… 80g
鹽 …… 適量
E.V.橄欖油 …… 適量
蠶豆泥（以下的配比）…… 20g
蠶豆（乾燥）…… 100g
水 …… 足以淹蓋食材的用量
鹽 …… 適量
香草麵包粉（以下的配比）…… 10g
麵包粉 …… 100g
平葉巴西里 …… 20g
蒔蘿 …… 10g
杏仁果 …… 2顆
大蒜 …… 1g
完成
蔬菜嫩芽（紫蘇、莧菜、野苣）…… 各適量

製作方法

1 白帶魚對半分切，各別在兩面撒上鹽。

2 ＜**蠶豆泥**＞蠶豆浸泡水中靜置一晚還原，以足夠淹蓋蠶豆的水加鹽燙煮約15～20分鐘煮至柔軟，瀝乾水份放入食物料理機，適度地補入燙煮湯汁攪打成泥狀。

3 ＜**香草麵包粉**＞將所有的材料放入食物料理機內攪打。

4 白帶魚肉面朝內側地在兩片魚肉間夾入蠶豆泥。上面撒上香草麵包粉，再澆淋E.V.橄欖油，以220°C的烤箱烘烤約10分鐘。

盛盤
將白帶魚盛盤，周圍以蔬菜嫩芽作為盤飾。（烹調：H）

在2片白帶魚肉間塗抹蠶豆泥。

上面覆蓋加了香草和杏仁果的麵包粉，用烤箱烤至飄香。

烏賊・章魚

烏賊和章魚的種類豐富。味道、香氣和口感也各有其特色，是可以呈現各式豐富料理的海鮮。日本特有的螢烏賊，更是大家所熟知的日本義式料理。烏賊和章魚屬於在過度加熱時，太硬或太軟都會非常明顯的食材，所以美味的關鍵就在於火候的控制。

Spaghetti con totano
烏賊直麵

Moscardini affogati
番茄燉煮短爪章魚

Insalata di polpo e patate

章魚和馬鈴薯的
溫沙拉

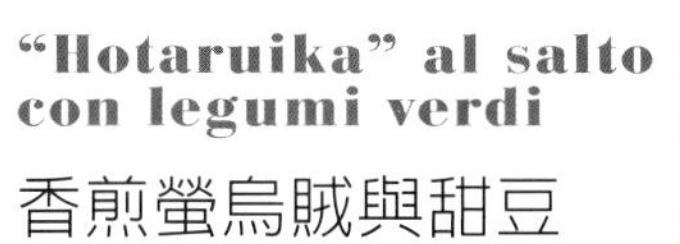

"Hotaruika" al salto con legumi verdi

香煎螢烏賊與甜豆

烏賊直麵

材料（2人份）
直麵Spaghetti（直徑1.6mm）…… 160g
鹽 …… 煮麵用熱水的1%

烏賊（身體和腳）…… 1隻（約160g）
烏賊內臟 …… 1副
大蒜（切碎。油漬）…… 1小匙
紅辣椒 …… ½根
平葉巴西里（略切）…… 適量
白酒 …… 30ml
E.V.橄欖油 …… 適量
鹽 …… 適量
完成
平葉巴西里（略切）…… 適量

製作方法

1 用加鹽熱水燙煮直麵，約6分鐘。

2 烏賊剝除身體表皮，切成1cm寬，烏賊腳對半分切。放入缽盆中，連同烏賊內臟一起確實混拌。

• 內臟可以直接成為鹹味的材料，本身就有足夠的濃郁美味，只要有內臟即是最充足的調味料。

3 在平底鍋中放入E.V.橄欖油、大蒜、紅辣椒，以中火加熱，至大蒜淡淡地呈色後，放入**2**的烏賊。略撒鹽，以大火迅速混合拌炒。倒入白酒，加入平葉巴西里混拌。

4 完成燙煮的直麵，瀝乾水份放入烏賊醬汁中混拌，澆淋E.V.橄欖油。

盛盤
盛盤，撒上平葉巴西里。

（烹調：S）

烏賊的身體和腳與內臟拌炒，確實沾裹內臟濃郁的美味。

番茄燉煮短爪章魚

材料（2人份）
短爪章魚＊ …… 150g
洋蔥（切薄片）…… 150g
大蒜（切碎。油漬）…… 1小匙
白酒 …… 1大匙
百里香 …… 1枝
月桂葉 …… 1片
番茄醬汁（p.80）…… 3大匙
E.V.橄欖油 …… 適量
鹽 …… 適量
完成
平葉巴西里（略切）…… 適量

＊**短爪章魚**／除去章魚嘴、眼、墨袋。

製作方法

1 在鍋中放入E.V.橄欖油和大蒜，以中火加熱拌炒。大蒜淡淡地呈色後，加入洋蔥，撒上鹽拌炒至食材軟化。

2 在平底鍋中放入E.V.橄欖油，以中火加熱，拌炒短爪章魚，至表面受熱。淋入白酒拌炒至酒精揮發，加入洋蔥的鍋中。

3 在鍋中加入百里香、月桂葉、番茄醬汁，混拌均勻，加入100ml的水（份量外）稀釋。待煮汁沸騰後，放入180℃的烤箱燉煮15分鐘。

• 短爪章魚若煮的時間過長會變得過軟，而流失了美味，所以要注意避免過度燉煮。

盛盤
盛盤，撒上平葉巴西里。

（烹調：S）

短爪章魚燉煮前先拌炒，揮發多餘的水份，可以凝聚味道，更美味。

章魚和馬鈴薯的溫沙拉

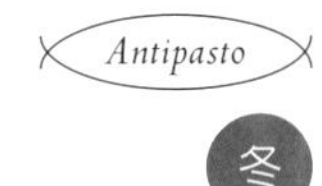

冬

材料（2人份）
章魚（燙煮過。p.134）…… 100g
馬鈴薯 …… 150g
大蒜（切碎。油漬）…… 1小匙
平葉巴西里（略切）…… 少量
檸檬汁 …… 1小匙
鹽 …… 適量
E.V. 橄欖油 …… 適量

製作方法

1 章魚切薄片。馬鈴薯以鹽水煮至柔軟，剝除外皮後對半分切或切成4等分，再切成8mm的厚切片。

• 馬鈴薯之後搗碎時，多少會殘留塊狀，因此切成略厚的片狀。

2 在平底鍋中放入E.V. 橄欖油和馬鈴薯，以中火加熱拌炒。撒上鹽，充分拌炒至散發香氣確實呈色。

3 加入大蒜拌炒，待其淡淡地呈色後，加入章魚，迅速拌炒。熄火，用木杓將馬鈴薯粗略搗碎，並迅速地混拌。撒上檸檬汁和平葉巴西里混拌，盛盤。

• 避免章魚烹煮的時間過長變硬，在與馬鈴薯混拌後即熄火，迅速地混拌。（烹調：S）

馬鈴薯拌炒至呈色，放入章魚後邊搗碎邊混拌，形成硬脆與鬆軟的兩種口感。

香煎螢烏賊與甜豆

春

材料（2人份）
螢烏賊＊（燙煮過）…… 100g
甜豆 …… 3根
豌豆 …… 2根
四季豆 …… 2根
蠶豆 …… 4個
白酒 …… 30ml
大蒜（切碎。油漬）…… 1小匙
E.V. 橄欖油 …… 適量
鹽 …… 適量
完成
E.V. 橄欖油 …… 適量

冷卻豆類的冰水 …… 適量

＊**螢烏賊** / 用魚骨夾拔除眼睛和透明骨狀內殼。

製作方法

1 除去甜豆、豌豆、四季豆的粗筋纖維和蒂頭，蠶豆剝除外面薄皮。全部用鹽水煮至柔軟，取出浸泡冰水後瀝乾水份。

2 在平底鍋中放入E.V. 橄欖油和大蒜，以中火加熱，放入螢烏賊香煎。表面受熱後，放入**1**的豆類，混合拌炒。加入白酒混拌，再撒上鹽混拌。

盛盤
盛盤，澆淋E.V. 橄欖油。（烹調：S）

螢烏賊的眼睛和透明骨狀內殼取出後，口感會更柔軟。避免過度加熱地迅速拌炒。

“Sazae” al burro alle erbe

香草奶油角蠑螺

貝類

貝類具有豐富特性，是令人樂在烹調的食材。在此用香草奶油香煎蒸過的蠑螺。蛤蜊是蒸煮的應用，佐以奶油醬汁，風味比清淡的花蛤更加爽口。帆立貝少見地網烤後製成沙拉。第4道料理綜合了數種貝類綜合蒸煮，期待呈現美味的加乘效果。

Linguine con clam

蛤蜊的細扁麵

Molluschi vari al vapore

蒸各式貝類

Capesante alla griglia con insalata di rapa

網烤帆立貝、蕪菁沙拉

香草奶油角蠑螺

春～夏

材料（2人份）
角蠑螺……3個
香草奶油＊（以下的配比）……20g
奶油＊……200g
平葉巴西里（僅葉片）……30g
蒔蘿……10g
香葉芹（僅葉片）……10g
大蒜（切碎）……2g
麵包粉……10g
奶油香煎法式長棍麵包
法式長棍麵包（薄片）……2片
奶油……30g
完成
蒔蘿、香葉芹……各適量

＊**香草奶油**／很適合搭配海鮮類的奶油，擺放在魚表面烘烤等，用途廣泛。麵包粉是黏結的作用。

＊**奶油**／於常溫中放至柔軟。

製作方法

1 蒸角蠑螺。使用蒸氣旋風烤箱時，是85℃、15分鐘。若以蒸鍋時，是中火、15分鐘。

2 在螺蓋縫隙中插入竹籤，沿著貝殼的弧度往深處刺入螺肉，從貝殼中拉出。身體和內臟一起拉出，連同內臟切成一口大小。

• 完成蒸煮時，螺蓋上蓄積了湯汁。此次的料理雖然不使用，但這是美味的湯汁，因此可以利用在義大利麵等。

角蠑螺約蒸15分鐘左右，用旋風烤箱或蒸鍋都很方便。

3 <**香草奶油**>在食物料理機中放入奶油，攪打成乳霜狀。放入其他材料（香草、麵包粉）後再繼續攪打與奶油混拌。

4 在平底鍋中放入香草奶油，以中火加熱，放入角蠑螺溫熱程度地香煎。

5 <**奶油香煎法式長棍麵包**>在平底鍋中放入奶油，以大火加熱至微微焦化。放入法式長棍麵包，使兩面都確實吸收奶油地煎至香脆。

盛盤

在盤中放法式長棍麵包片，盛放香煎的角蠑螺。撒上香葉芹和蒔蘿，擺放角蠑螺殼。（烹調：H）

用竹籤深入貝殼，刺入螺肉，連同內臟一起取出。

蛤蜊的細扁麵

晚冬～春

材料（1人份）
細扁麵 Linguine……80g
鹽……煮麵用熱水的1%
蛤蜊……6個
大蒜（壓扁）……½片
芹菜（斜向片切薄片）……40g
E.V.橄欖油……適量
鹽……適量
完成
芽菜（沙拉用芹菜芽）……適量

製作方法

1 用加鹽熱水燙煮細扁麵，燙煮時間較標示時間略短，約7分鐘。

2 在平底鍋中放入E.V.橄欖油和大蒜，以中火加熱。至大蒜淡淡地呈色散發香氣後，取出。放入蛤蜊和芹菜，加少量的水蓋上鍋蓋蒸煮。待開殼後，將蛤蜊取出至容器備用。

• 芹菜與蛤蜊或花蛤一起烹調時，植物的青澀味會變成爽口的風味，而且釋出的甜味更能烘托出貝類的美味。

3 完成燙煮的細扁麵，瀝乾水份放入芹菜的平底鍋中，煮約2分鐘使其吸收湯汁的風味，同時也是麵條最佳硬度的時間點完成。過程中撒鹽調整風味，並適度地加入E.V.橄欖油使其恰如其分地完成乳化。

• 蛤蜊的鹽份較花蛤淡，因此略添加鹽，就是恰到好處的鹹度。

4 放回蛤蜊，混拌均勻。

• 在煮汁收乾的同時正好完成。

盛盤

在盤中擺放蛤蜊，其上盛放細扁麵和芹菜煮汁，撒上芽菜。

（烹調：K）

細扁麵早2分鐘完成燙煮，在蛤蜊煮汁中使其確實吸收煮汁的風味。

網烤帆立貝、蕪菁沙拉

材料（2人份）
帆立貝的貝柱 …… 3個
蕪菁＊ …… 2個
檸檬汁 …… 5ml
E.V.橄欖油 …… 10ml
奧勒岡（Oregano）…… 1小撮
鹽 …… 適量
E.V.橄欖油 …… 適量
完成
紅蓼的芽菜（Micro Benitade）＊ …… 適量
鹽 …… 適量

＊**蕪菁** / 本書當中使用的是「あやめ雪Ayame yuki」。
＊ **Micro Benitade** / 紅蓼的芽菜。

製作方法

1 蕪菁縱向切成5mm的厚片。兩面都用熱烤板烤出格狀烤紋。

2 在缽盆中放入檸檬汁、E.V.橄欖油、奧勒岡、鹽混拌，放入網烤後的蕪菁醃泡5～10分鐘。

3 貝柱兩面撒上鹽，澆淋E.V.橄欖油。擺放在熱烤板上，用大火短時間將兩面都烘烤出格狀烤紋，中央仍保持生鮮的狀態。

• 溫度降低時貝柱的水份連同美味會一起流失，高溫短時間的烘烤是關鍵。用平底鍋或烤網烘烤時，要加熱至擺放貝柱時，會發出嗤的聲音才足夠。

盛盤
在盤中舖放醃泡蕪菁，擺放斜向片切的貝柱。滴淋蕪菁的醃漬液，撒鹽並放上芽菜。（烹調：K）

貝柱可生食，所以僅在表面烘烤出香氣，中央仍是生鮮狀態。

蕪菁烘烤後用檸檬汁和油脂略略醃拌。在料理完成時，將醃泡液滴淋在盤中。

蒸各式貝類

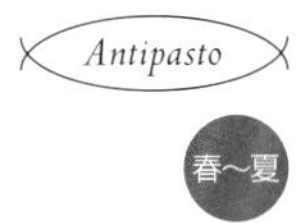

材料（2人份）
花蛤 …… 3個
蛤蜊 …… 3個
白貝 …… 3個
淡菜 …… 3個
百里香 …… 1枝
平葉巴西里 …… 1枝
白酒 …… 30ml

製作方法

1 加熱厚鐵鍋，放入貝類。擺放百里香、平葉巴西里，倒入白酒和水共90ml。

2 蓋上鍋蓋，以大火蒸煮。加熱約3分鐘開殼即已完成。連同鐵鍋一起上桌，替代盛盤。（烹調：H）

用少量的白酒和水蒸煮。由4種貝類釋出的混合湯汁，就能呈現深度的美味。照片中的鍋子是貝類料理專用。

蝦

義大利料理當中，以螯蝦（Scampi）和日本對蝦為始，還有近似龍蝦、牡丹蝦、沙蝦的各式各樣蝦類。在此介紹的雖然是北非小麥粒、沙拉、填餡的義式麵食，但無論是燙煮煎烤哪種料理法，都不能過度加熱，要能掌握住柔軟且最甜美的瞬間美味。

Cuscus con gamberi e verdure alla siciliana

鮮蝦和蔬菜的北非小麥粒、西西里風

Insalata di gamberi e cavolfiore

鮮蝦與白花椰菜沙拉

Cappelletti farciti con gamberi e ricotta

鮮蝦與瑞可達起司小帽餃

Scampi al forno, salsa salmoriglio

烤螯蝦、檸檬香草醬汁

鮮蝦和蔬菜的北非小麥粒、西西里風

夏

材料（2人份）
北非小麥粒（乾燥）…… 30g
日本對蝦（去殼。縱向對切）…… 2隻
洋蔥（切成月牙狀）…… ½個
櫛瓜（滾刀塊）…… ½根
甜椒（紅、黃。滾刀塊）…… 各½個
茄子（滾刀塊）…… 中型1個
番茄（滾刀塊）…… 小型1個
蔬菜高湯（p.47）或水 …… 足以淹蓋食材的用量
薑黃（Turmeric）…… ⅓小匙
紅椒粉 …… ⅓小匙
小茴香籽 …… ⅓小匙
E.V. 橄欖油 …… 適量
鹽 …… 適量

完成
酸豆＊（鹽漬）…… 10粒
松子＊ …… 10粒
薄荷 …… 5片

＊**酸豆** / 鹽漬酸豆先用水沖洗後，浸泡在水中半天，過程中替換2次清水以脫出鹽份。擠乾水份後使用。

＊**松子** / 用160℃的烤箱烘烤5分鐘。

製作方法

1 在缽盆中放入北非小麥粒與等量的熱水，包覆保鮮膜靜置10分鐘左右使其柔軟還原。放入平底鍋中，以小火加熱，乾炒。
• 仍稍留有濕氣地炒至呈鬆散狀態，必須注意避免燒焦。

2 在鍋中放入E.V. 橄欖油和洋蔥，以中火加熱拌炒至洋蔥變軟。加入其他的蔬菜（櫛瓜、甜椒、茄子、番茄），撒上鹽略略拌炒。加入足以淹蓋食材的蔬菜高湯或水，蓋上鍋蓋以大火加熱。沸騰後轉為小火撈除浮渣。加入辛香料（薑黃、紅椒粉、小茴香籽），燉煮至蔬菜變軟釋放出美味。

3 將北非小麥粒和鮮蝦放入燉煮蔬菜中，邊混拌邊加熱至鮮蝦煮熟後熄火。
• 若水份不足，可以適度地添加水份加熱，鍋底仍留有少許湯汁的程度即已完成。

盛盤

盛盤，撒上酸豆、松子、薄荷。
• 薄荷是西西里料理中經常使用的調味。（烹調：K）

前方是北非小麥粒原本的材料狀態，浸泡10分鐘的含鹽熱水還原的狀態（照片後方），再乾炒。

鮮蝦與白花椰菜沙拉

夏

材料（2人份）
日本對蝦＊（去殼）…… 2隻
白花椰菜 …… 20g
番茄＊ …… 1小匙
義式魚醬（Garum）＊ …… 適量
E.V. 橄欖油 …… 適量
鹽 …… 適量

白花椰菜薄片
白花椰菜 …… 1株
鹽 …… 適量
E.V. 橄欖油 …… 適量

白花椰菜泥（以下的配比）…… 2小匙
白花椰菜（分成小株）…… 1顆
洋蔥（切薄片）…… ⅙個
鹽 …… 少量
E.V. 橄欖油 …… 適量

＊**日本對蝦** / 除此之外甜蝦、牡丹蝦、北海縞海老（Pandalus latirostris）等都很適合。

＊**番茄** / 熱水汆燙去皮，去籽。

＊**義式魚醬（Garum）** / 日本鯷魚等使其發酵製成的義大利魚醬。

製作方法

1 日本對蝦放入含鹽熱水中，約10秒左右待表面隱約變紅時，立刻取出泡入冰水中，中央仍是生鮮狀態。用廚房紙巾包覆吸乾水份。

2 用鹽水燙煮白花椰菜，瀝乾水份，細分成極小株。

3 在缽盆中放入日本對蝦、白花椰菜、番茄，用義式魚醬、E.V. 橄欖油和鹽調味混拌。

4 <**白花椰菜薄片**>用刨削器將白花椰菜刨削成極薄的薄片，浸泡在冰水中至爽脆。用廚房紙巾拭去水份，以鹽和E.V. 橄欖油調味。

5 <**白花椰菜泥**>在鍋中放入E.V. 橄欖油，以小火加熱，確實拌炒洋蔥和白花椰菜。過程中撒鹽，拌炒至食材變軟後，加少量的水蓋上鍋蓋，燉煮至柔軟。連同最少量的煮汁一同放入食物料理機攪打成泥狀。

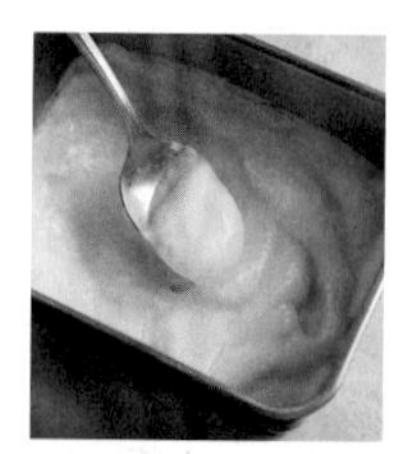
在料理的底部墊放白花椰菜泥，連同洋蔥一起拌炒，水煮簡單完成。

盛盤

盛盤，舖放白花椰菜泥，盛放鮮蝦和白花椰菜沙拉，擺放白花椰菜薄片。
• 仍留有黏稠口感的鮮蝦，和製成泥狀滑順的白花椰菜，味道和口感超級絕配，推薦給大家。

（烹調：K）

鮮蝦的燙煮時間是10秒左右。立刻取出放入冰水中以防餘溫受熱，中間仍是生鮮狀態。

鮮蝦與瑞可達起司小帽餃

夏

材料（2人份）
小帽餃Cappelletti（以下的配比）…… 8個
小帽餃麵團
高筋麵粉 …… 200g
杜蘭小麥粉（Rimacinata）…… 50g
雞蛋 …… 2個
E.V.橄欖油 …… 5g
鹽 …… 2g
內餡
日本對蝦（去殼）…… 3隻
瑞可達起司（Ricotta）…… 150g
帕瑪森起司 …… 5g
鹽 …… 適量
E.V.橄欖油 …… 適量

鹽 …… 煮麵用熱水的1%
日本對蝦（去殼。2等分）…… 2隻
毛豆（鹽水燙煮）…… 20粒
奶油 …… 20g　　鹽 …… 適量
鮮蝦風味泡沫
鮮蝦高湯＊ …… 50ml　　牛奶 …… 40ml
鮮奶油 …… 10ml

＊**鮮蝦高湯**／用E.V.橄欖油拌炒鮮蝦殼和調味蔬菜，用水熬煮30～40分鐘，過濾而成。

製作方法

1 ＜**小帽餃麵團**＞在杜蘭小麥粉和高筋麵粉中加入其他所有的材料，混合拌勻並整合成團。不斷地揉和後，整理形狀以保鮮膜包覆，於冷藏室靜置一晚。用麵棍擀壓麵團，使其成為1mm厚，按壓出直徑8cm的圓形。

2 ＜**內餡**＞在鮮蝦上撒鹽，用E.V.橄欖油略略拌炒後，細細切碎。放入缽盆中，加入瑞可達起司、帕瑪森起司和鹽，充分混拌。

3 在小帽餃麵團上擺放內餡，邊緣刷塗水份。對折使邊緣貼合，再將兩端相連貼合，就成為小帽餃的形狀。用鹽水燙煮5分鐘。

4 在平底鍋中放入奶油，以中火加熱，放入日本對蝦和毛豆香煎。加入完成燙煮並瀝乾水份的小帽餃，撒入鹽混拌。

5 ＜**鮮蝦風味泡沫醬汁**＞在鍋中放入鮮蝦高湯、牛奶、鮮奶油煮沸，用手持攪拌棒打發呈泡沫狀。

盛盤
將小帽餃、日本對蝦、毛豆盛盤，舀起鮮蝦風味泡沫盛放。
（烹調：K）

烤螯蝦、檸檬香草醬汁

秋～春

材料（2人份）
螯蝦＊（去殼）…… 2隻
鹽 …… 適量
E.V.橄欖油 …… 適量
檸檬香草醬汁
檸檬汁 …… 10g
E.V.橄欖油 …… 15g
鹽 …… 1小撮
奧勒岡（Oregano）…… 1小撮
完成
蒔蘿、香葉芹 …… 各適量
黑胡椒 …… 適量

＊**螯蝦**／加熱後中央仍是生鮮狀態，因此必須選用新鮮的蝦。

製作方法

1 在螯蝦背部用刀子劃入攤平成一片，在蝦肉上撒鹽。平底鍋中放入E.V.橄欖油，放入螯蝦，以中火加熱至溫熱的程度，迅速煎烤。
• 煎至產生香氣時，蝦肉就過硬了。螯蝦入鍋一下下，就可以放入烤箱（步驟2）。

2 放入230℃的烤箱，烘烤2.5分鐘，至蝦肉剛熟的程度。

蝦肉從蝦殼中隆起，烘烤出充滿汁液的成品，是烤箱才能達到的效果。

3 ＜**檸檬香草醬汁**＞在缽盆中放入檸檬汁、鹽、奧勒岡，邊澆淋E.V.橄欖油邊進行混拌。

盛盤
在盤中放置螯蝦，澆淋檸檬香草醬汁。撒上蒔蘿、香葉芹與黑胡椒。
（烹調：K）

左邊是拌炒切碎的鮮蝦，混拌了2種起司的內餡。用麵團包起後成為小帽餃Cappelletti。

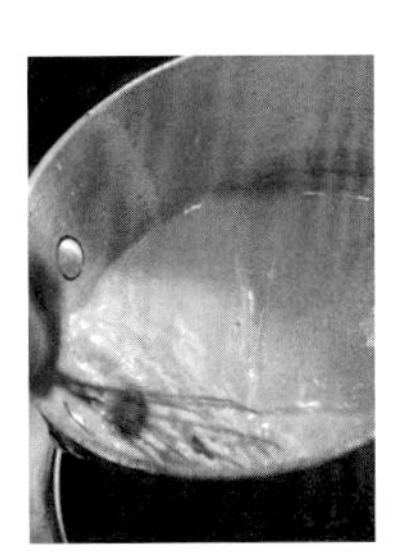

醬汁是鮮蝦高湯中加入牛奶等，再打發而成，僅舀取泡沫澆淋在食材上。

鰤魚·鱈魚

充滿脂肪的寒鰤魚，是日本才有的美味。鱈魚，相較於鹽漬風乾一面倒的義大利，在日本以新鮮或薄鹽為主流，能在料理上隨意發揮，是其魅力所在。在此介紹利用寒鰤魚優點的韃靼Tartara，和搭配巴薩米可醋醬汁的香煎。鱈魚則是鱈魚白子的義大利麵醬汁，是日本特有的獨創構想。

Tartara di seriola con insalata di radici

鰤魚韃靼、根菜類沙拉

Merluzzo e patate all'arrabbiata

辣番茄紅醬的鱈魚和馬鈴薯

Pici al latte di merluzzo

鱈魚白子粗圓麵

Seriola saltata all'aceto balsamico con cipolla agrodolce

香煎鰤魚和洋蔥酸甜醬、
巴薩米可醋風味

鰤魚韃靼、根菜類沙拉

材料（2人份）
鰤魚（去皮魚片）…… 60g
西瓜蘿蔔（切成扇形薄片）…… 2～3片
迷你蘿蔔（切圓薄片）…… ½根
櫻桃蘿蔔（切薄片）…… 1個
紅酒醋 …… 5ml
E.V. 橄欖油 …… 適量
鹽 …… 適量
蕪菁泥（以下的配比）…… 20g
蕪菁（切薄片）…… 1個
鹽 …… 適量
E.V. 橄欖油 …… 適量
完成
蒔蘿、香葉芹、芽菜（綠花椰菜）…… 各適量
黑橄欖（去核。半乾燥＊）…… 適量

＊**半乾燥的黑橄欖**／不包覆保鮮膜地以微波爐（500W）加熱8分鐘左右。

製作方法

1 鰤魚切成 1cm的塊狀，撒鹽、澆淋E.V.橄欖油，醃泡約10分鐘左右。

2 西瓜蘿蔔、迷你蘿蔔、櫻桃蘿蔔，撒鹽、澆淋紅酒醋和E.V.橄欖油。

3 ＜**蕪菁泥**＞在鍋中倒入E.V.橄欖油以中火加熱，放入蕪菁撒鹽。拌炒至食材變軟後，倒入水份蓋上鍋蓋煮至柔軟。用食物料理機攪打成泥狀，過濾。置於冷藏室冷卻備用。

• 藉著與滑順蕪菁泥的組合，補足了韃靼必要的黏稠口感。

盛盤

在盤中放置環形模，舀入蕪菁泥。填入鰤魚，擺放西瓜蘿蔔等沙拉。取下環形模，用蒔蘿、香葉芹、芽菜裝飾，撒上刨下的黑橄欖。（烹調：K）

飽含大量脂肪的魚塊，用橄欖油和鹽調味製成韃靼風。

鱈魚白子粗圓麵

冬

材料（1人份）
粗圓麵 Pici（以下的配比）…… 80g
高筋麵粉 …… 350g
杜蘭小麥粉（Rimacinata）…… 150g
雞蛋 …… 1個
水 …… 40ml
鹽 …… 1g
E.V. 橄欖油 …… 13g

鹽 …… 熱水的1%煮麵湯汁用
鱈魚白子 80g
大蒜（壓碎）…… 2瓣
紅辣椒 …… 1根
E.V. 橄欖油 …… 適量
鹽 …… 適量

製作方法

1 ＜**粗圓麵 Pici**＞在高筋麵粉和杜蘭小麥粉中加入其他所有的材料，混合拌勻並整合成團。不斷地揉和後，整理形狀以保鮮膜包覆，於冷藏室靜置一晚。每次取少量麵團用雙手邊前後滾動邊搓長成直徑2cm的細長條狀。分切成18cm長。

2 用含鹽熱水燙煮粗圓麵約5分30秒。

3 鱈魚白子用鹽水燙煮，使表面略熟。置於廚房紙巾上瀝乾水份，切成一口大小。

4 在平底鍋中加入E.V.橄欖油、大蒜、紅辣椒，以中火加熱，拌炒。拌炒至大蒜呈金黃色時，加入鱈魚白子，略搗散鱈魚白子拌炒使其產生濃度。

• 鱈魚白子味道清淡，因此大蒜和紅辣椒用量較一般的義大利麵略多，較能彰顯其風味。

5 完成燙煮的粗圓麵瀝乾水份，加入鱈魚白子的醬汁中充分混拌。用鹽調整風味，油份不足時，可混拌少量的E.V.橄欖油，盛盤。（烹調：H）

粗圓麵Pici是用手滾動搓長製成，類似條狀烏龍麵般的義大利麵。在店內會添加杜蘭小麥粉以增加嚼感。

鱈魚白子預先燙煮後，用橄欖油拌炒製成醬汁。

辣番茄紅醬的鱈魚和馬鈴薯

材料（2人份）
鱈魚＊（新鮮。帶皮魚肉）…… 80g
馬鈴薯 …… 小型1個
番茄醬汁（p.80）…… 3大匙
大蒜（切碎。油漬）…… 1小匙
紅辣椒 …… 1根
鹽 …… 適量
E.V.橄欖油 …… 適量
完成
平葉巴西里（略切）…… 適量

＊**鱈魚** / 薄鹽醃鱈魚也可以。

製作方法

1 鱈魚切成一口大小，撒上鹽。

2 馬鈴薯帶皮燙煮至柔軟，剝除外皮後與鱈魚同樣切成一口大小。

3 在平底鍋中倒入E.V.橄欖油，鱈魚皮朝下地放入，以中火加熱。煎至魚皮產生香氣，翻面，加入馬鈴薯。加入E.V.橄欖油，撒上鹽，混合拌炒至馬鈴薯呈香煎色澤。

• 比較建議使用帶魚皮的鱈魚。藉由魚皮的香煎，使香氣美味更甚。

4 在另外的平底鍋中放入E.V.橄欖油、大蒜、紅辣椒，以中火加熱，拌炒至大蒜淡淡呈色後，加入番茄醬汁。加入少量水煮至釋放出辣味，放入**3**的鱈魚和馬鈴薯略熬煮。

盛盤
盛盤，撒上平葉巴西里。（烹調：H）

鱈魚和馬鈴薯的黃金組合。拌炒至散發香氣後，用辣番茄紅醬熬煮。

香煎鰤魚和洋蔥酸甜醬、巴薩米可醋風味

材料（2人份）
鰤魚＊（帶皮魚肉）…… 60g
巴薩米可醋＊ …… 3大匙
紅酒醋 …… 1大匙
細砂糖 …… 2g
鹽 …… 適量
E.V.橄欖油 …… 適量
洋蔥酸甜醬（Agrodolce）
紫洋蔥（切細絲）…… ¼個
紅酒醋 …… 2小匙
細砂糖 …… 3g
鹽 …… 少量
E.V.橄欖油 …… 適量
酥炸菠菜
菠菜（葉）…… 2片
炸油 …… 適量

＊**巴薩米可醋** / 可以熬煮至產生稠濃，或倒至方型淺盤等平坦的容器內，置於溫熱處3天左右，就會因自然發酵而產生濃度。

製作方法

1 鰤魚兩面撒上鹽。在平底鍋中倒入E.V.橄欖油，以中火加熱，鰤魚皮朝下地放入，煎至魚皮產生酥脆後，翻面，魚肉部分也同樣煎香。兩側也同樣煎香。魚皮朝上地轉為小火，加入巴薩米可醋和紅酒醋，確認甜度後，調整細砂糖的添加量。熬煮至醬汁可以沾裹在魚皮上。

• 醬汁的濃度過濃時，可用少量的水稀釋煮開。

有著醋的酸味和細砂糖甜味的洋蔥酸甜醬。

2 ＜**洋蔥的酸甜醬**＞平底鍋中放入E.V.橄欖油，以中火加熱，加入洋蔥略加拌炒。加入鹽、紅酒醋、細砂糖混拌，加熱至洋蔥仍保留脆感。

3 ＜**酥炸菠菜**＞菠菜葉放入170°C的炸油中炸至酥脆，擺放在廚房紙巾上瀝去油脂。

• 要注意炸油會噴濺，也可以用E.V.橄欖油拌炒。

盛盤
將香煎鰤魚擺放在盤中，佐以洋蔥酸甜醬。澆淋上平底鍋中剩餘的鰤魚醬汁，再擺放酥炸菠菜。（烹調：K）

像蒲燒鰻般地使鰤魚沾裹上巴薩米可醋，和紅酒醋製成的酸甜濃醬。

Gnocchi di patate con crema e granchio

馬鈴薯麵疙瘩、松葉蟹奶油醬汁

蟹

義大利對螃蟹的熟識度比較低，但在日本因產地廣，有松葉蟹、毛蟹、鱈場蟹等，無論哪一種，都是肉質鮮美風味絕佳的極品。從蟹殼能取得濃郁的美味高湯，可運用在義大利麵、燉飯或清高湯中，即使是義大利料理，也能充分利用其價值。在此介紹的是混拌奶油醬汁，製作成沙拉的例子。

Primo Piatto

材料(2人份)

馬鈴薯麵疙瘩Gnocchi

(以下的配比)⋯⋯60g

馬鈴薯⋯⋯250g　高筋麵粉⋯⋯50g
蛋黃⋯⋯1個　帕瑪森起司⋯⋯25g
E.V.橄欖油⋯⋯5g　鹽⋯⋯2.5g

高筋麵粉(手粉用)⋯⋯適量
鹽⋯⋯熱水的1%煮麵湯汁用
帕瑪森起司⋯⋯1大匙

松葉蟹奶油醬汁

松葉蟹(燙煮後去殼蟹肉)⋯⋯50g(5根)
奶油⋯⋯5g
白蘭地⋯⋯1大匙
鮮奶油⋯⋯70g

完成

蔬菜嫩芽(紅酸模Red sorel)⋯⋯適量

製作方法

1 <馬鈴薯麵疙瘩Gnocchi>馬鈴薯帶皮用鹽水煮至柔軟。去皮用網篩過濾,與其他全部的材料混合。用手粗略地混拌,邊使用手粉邊將麵團整形成直徑2cm的長條狀。由一端開始,以2～2.5cm的寬度分切,各別滾過叉子背面,並劃出溝狀。

2 <松葉蟹的奶油醬汁>在平底鍋中放入奶油,以中火加熱,放入松葉蟹,用木杓輕輕攪散並拌炒。待淡淡飄出香味後淋入白蘭地,加入鮮奶油。煮至沸騰後熄火。

3 用鹽水燙煮馬鈴薯麵疙瘩,2～3分鐘待其浮起時,舀起放入**2**的醬汁中,以中火加熱混拌,放入帕瑪森起司混拌。

• 醬汁熬煮後,可以加少量的水稀釋,之後再放入馬鈴薯麵疙瘩。

盛盤

盛入盤中,撒上紅酸模芽菜。(烹調:K)

儘可能抑制麵粉用量,製作出鬆軟口感的馬鈴薯麵疙瘩Gnocchi。

拌炒的松葉蟹肉,用鮮奶油煮至沸騰,製作出輕盈口感的奶油醬汁。

蕪菁奶酪和鱈場蟹沙拉、清高湯凍

材料(2人份)

鱈場蟹(燙煮後去殼蟹肉)
⋯⋯35g
蕪菁(1cm方塊)⋯⋯20g
紅酒醋⋯⋯1小匙
E.V.橄欖油⋯⋯1大匙
鹽⋯⋯適量

蕪菁奶酪(以下配比)⋯⋯2大匙

蕪菁泥(p.124)⋯⋯130g
牛奶⋯⋯60ml
鮮奶油⋯⋯30ml
鹽⋯⋯少量
板狀明膠(吉利丁片)*⋯⋯2.5g

蟹的清高湯凍(以下的配比)⋯⋯1又½大匙

鱈場蟹殼(蟹腳部分)⋯⋯10根
紅蘿蔔(滾刀塊)⋯⋯½個
洋蔥(滾刀塊)⋯⋯½個
芹菜(滾刀塊)⋯⋯½根
E.V.橄欖油⋯⋯適量
白蘭地⋯⋯30ml
板狀明膠*⋯⋯煮出高湯的1%

完成

酢醬草、食用花⋯⋯各適量

* **板狀明膠(吉利丁片)**/浸泡冷水還原。

用鮮奶油和牛奶稀釋蕪菁泥後加熱,以板狀明膠冷卻凝固製成的蕪菁奶酪。

製作方法

1 蕪菁用鹽水煮至柔軟,瀝乾水份。與鱈場蟹一起放入缽盆中,加入鹽、紅酒醋、E.V.橄欖油調味混拌。

2 <蕪菁奶酪>,在鍋中放入蕪菁泥、鮮奶油、牛奶和鹽,以中火加熱,使其沸騰。熄火加入還原後的板狀明膠,溶化。過濾至缽盆中,底部墊放冰水邊攪拌邊使其冷卻,置於冷藏室使其冷卻凝固。

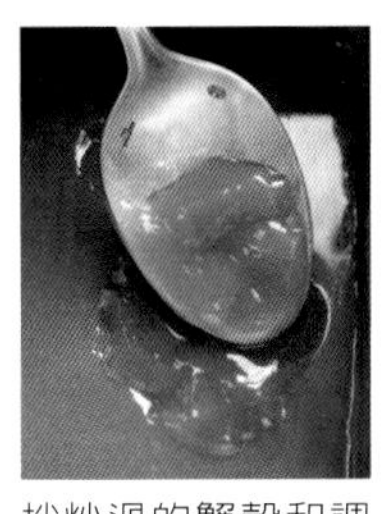

拌炒過的蟹殼和調味蔬菜用水煮出高湯,以板狀明膠製作出凝固成軟凍的濃縮清高湯凍。

3 <蟹的清高湯凍>用E.V.橄欖油炒香蟹殼,待散發清甜香氣後淋入白蘭地,加熱至酒精揮發。在另外的平底鍋中倒入E.V.橄欖油,確實拌炒紅蘿蔔、洋蔥、芹菜,拌炒至略略呈色。在鍋中混拌蟹殼和蔬菜,倒入足以淹蓋食材的水量,熬煮至釋出風味約40分鐘。過濾,加入板狀明膠溶化。再次過濾,在缽盆底部墊方冰水邊冷卻,放入冷藏室冷卻凝固。

盛盤

用湯匙舀起蕪菁奶酪放入盤中,盛放混拌後的螃蟹和蕪菁。覆蓋上螃蟹的清高湯凍,以酢醬草和食用花裝飾。(烹調:K)

義大利料理的
海鮮處理

各種的海鮮，從日本全國送至「Acqua pazza」，在此要先學習基本的魚類處理方法。特別需要注意的是，魚鱗和內臟的取出及預備處理。在魚貨送達後，轉瞬之間就乾淨地清潔，仔細水洗，並且完美地拭去水份，完全不殘留魚類特有的腥味，可見其工夫。之後根據魚種，有三片切法冷藏保存，也有整條料理比較美味的，因此很多魚不分切地進行預備處理。在前面提到「Acqua pazza」店內，招牌料理大多使用金目鯛。使用全魚時，當然魚鱗必定要徹底刮除，尾部魚鰭整齊修剪等，與日式料理不同，是義大利式烹調特有的預備處理法。

鯛魚

「義式生醃冷盤Carpaccio」或「醃泡」等生魚片般生食料理之外，本書也有「紙包料理」和用鍋子蒸煮的「Vapore」。加熱烹調也能發揮其美味的萬用白肉魚。

從基礎的用水沖洗，至三片切法

預備處理

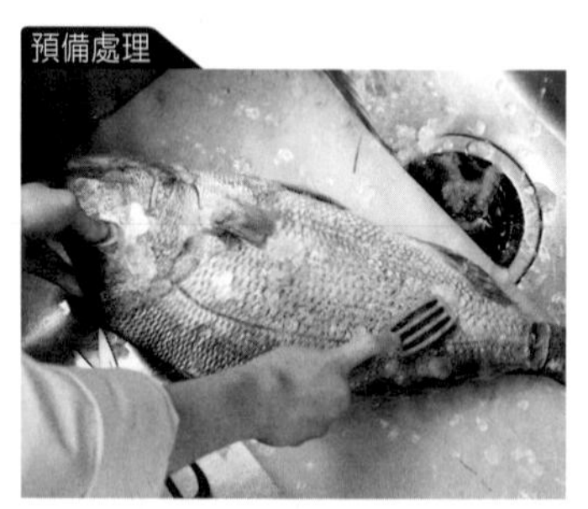

1｜刮除魚鱗。硬的魚鱗要用魚鱗刮刀刮除。魚頭朝左，魚鱗刮刀上下地從尾端向頭部動作。背鰭兩側、尾鰭根部、腹鰭附近都是容易殘留魚鱗之處，所以必須仔細進行。

2｜邊確認有無殘留的魚鱗，邊用刀刃從尾端朝頭部動作，刮除殘留的魚鱗。

3｜刀子水平地從腹部肛門處朝下顎劃切。

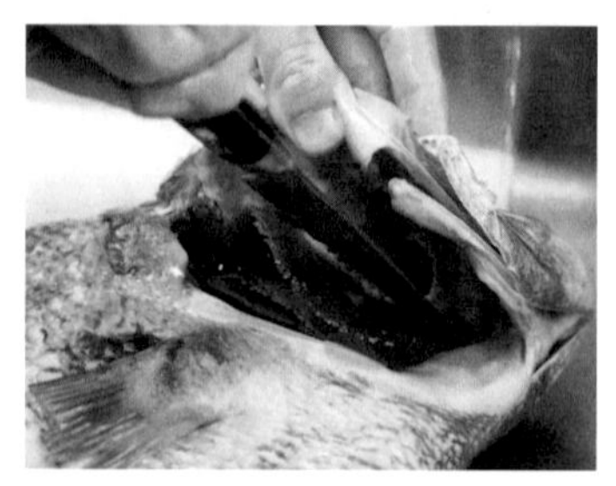

4｜用刀子切除魚鰓的根部。

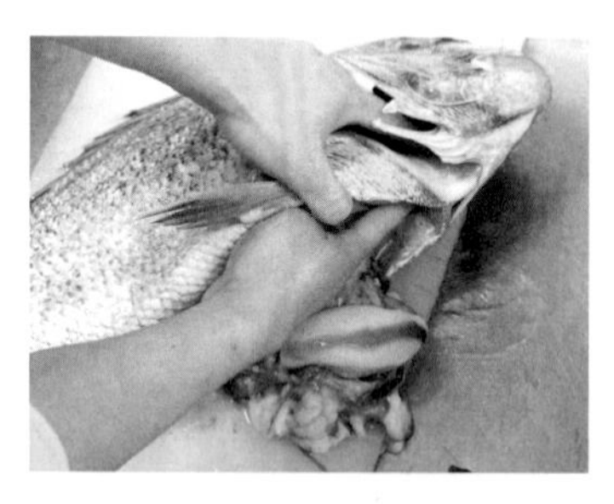

5｜取出內臟。用刀子不易取出時，可以邊按壓魚鰓部分，邊用手掏出。

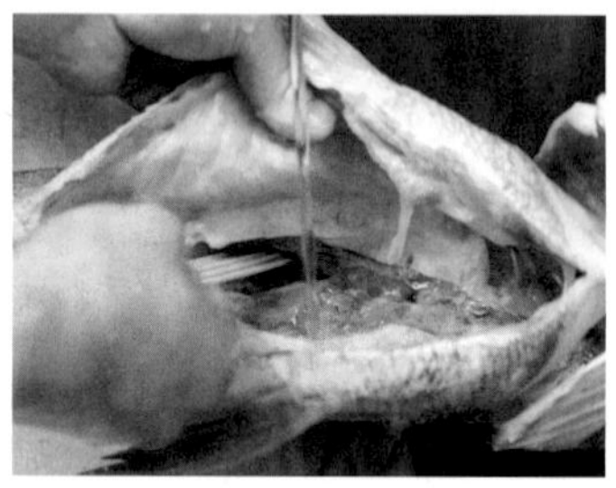

6｜在流動的水中充分清洗，用竹片等刷洗除去沾黏在背骨的血跡(也可用幾根竹籤以膠帶固定地取代竹片)。

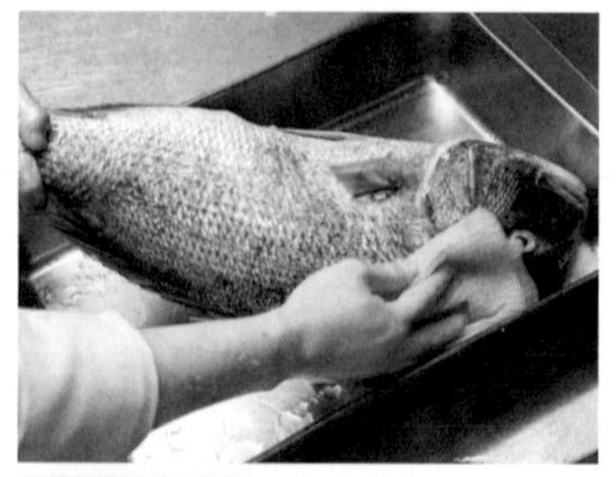

7｜仔細拭去水份。接下來完全不會再水洗。

三片切法

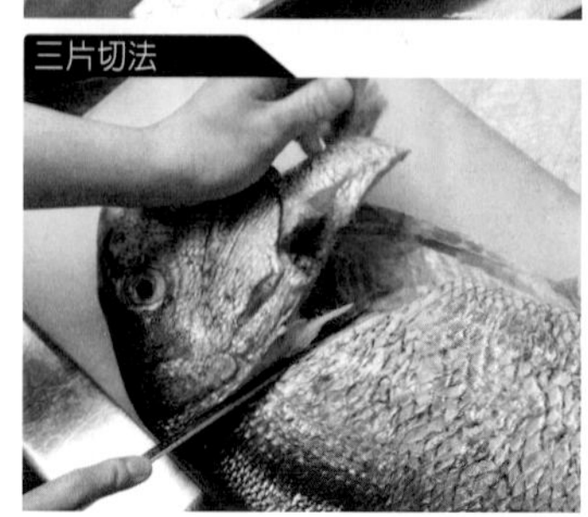

8｜切落頭部。首先頭部朝左，腹部置於身體外側，從胸鰭面以刀子抵住垂直劃入，切至中央硬骨之處，提起魚下巴，刀子從魚骨關節處劃入。接著直接將頭的方向轉邊翻面(照片)，同樣地在胸鰭後用刀子抵住，垂直劃入切落魚頭。

9 從上半部卸下魚骨。腹部置於身體前方，尾端斜向朝左，刀子從頭的方向朝尾端劃入。用左手提起魚肉，刀子置於中骨上方般從頭部朝尾端劃切2～3次。沿著劃切處徐徐深入切開。刀子放平般地將刀刃置於骨頭上方，切至中骨處。

10 改變魚的方向，背部一樣沿著中骨劃切。沿著背鰭根部平放刀子，與9的步驟相同。

11 從魚肉中取出中骨。因從9的腹部、10的背側劃切，因此只有魚肉還連著中骨。刀刃朝向尾端劃入，劃至尾端，取出中骨。

12 接著刀刃的方向朝著頭部，使中骨和魚肉逐漸切入一點點分開。

13 從中骨將魚肉卸下，因此提起魚肉可以感覺刀子一根根切分魚骨的感覺。

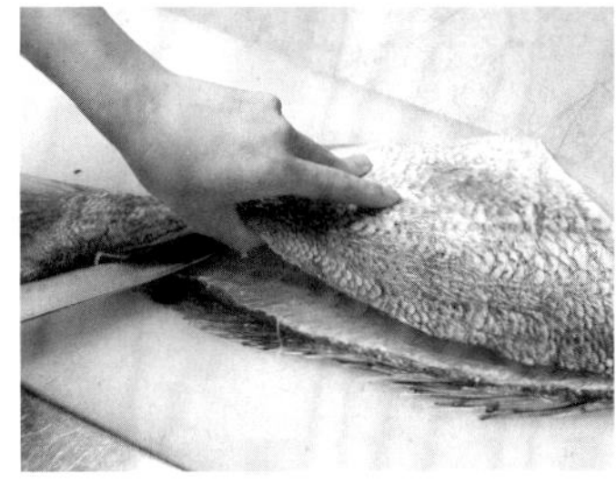

14 卸下另一片魚肉。背部朝著自己身體前方，頭部朝右斜放在砧板上。輕輕按壓魚下巴，刀子沿著背鰭上方的位置劃入，由此一點點將刀子劃至中骨。

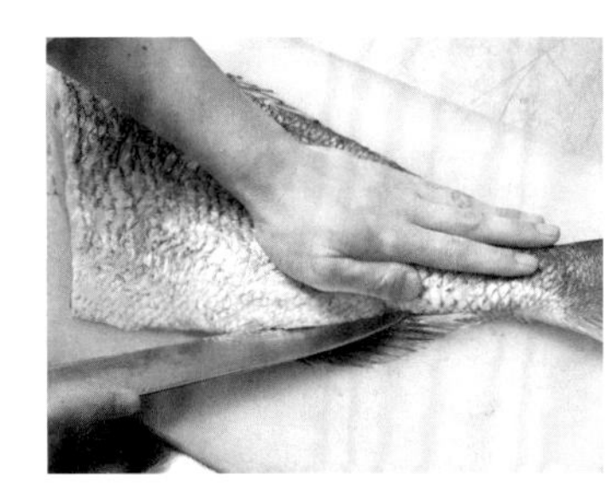

15 從背側開始切入中骨，接著將魚腹置於自己的身體前方，同樣地將刀子劃入。刀子放平般地將刀刃置於骨頭上方，少量逐次地拉動劃切至中骨處。

16 刀刃方向朝著尾端，切開分離中骨與魚肉。

17 完成。頭，上半部魚肉和下半部魚肉，切下的中骨。

金目鯛

在日式料理中十分受到喜愛，即使是義大利料理，也可以任意自由搭配的優質白肉魚。本店的招牌雖是「義式水煮魚ACQUA PAZZA」，但在本書中也介紹了蒸煮的「Vapore」以及用熱水澆淋魚皮的「湯引法」。

預備處理

1 背鰭用烹調用剪刀修剪。尾鰭、背鰭都剪短。

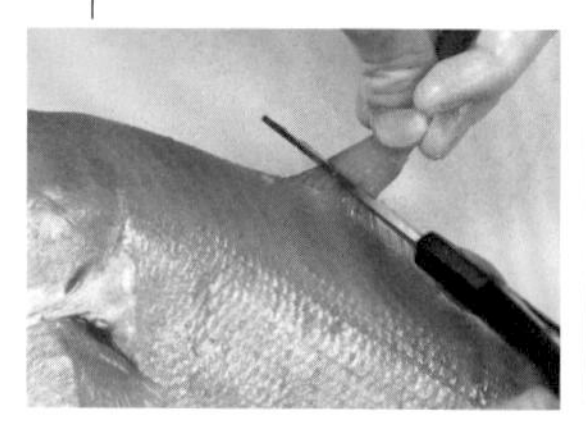

2 剪去胸鰭和腹鰭後使用魚鱗刮刀刮除魚鱗。從尾端朝頭部動作。

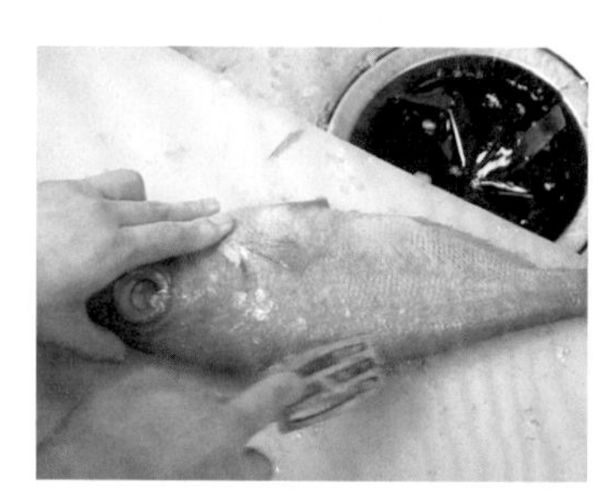

3 背鰭的兩側、尾鰭的根部、腹鰭周圍都有小且硬的魚鱗，若殘留就無法美味地享用。使用刀刃仔細地刮除。

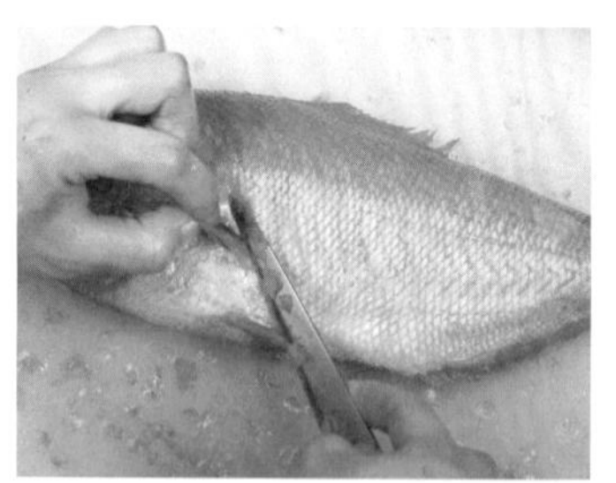

4 用水沖洗掉魚鱗。

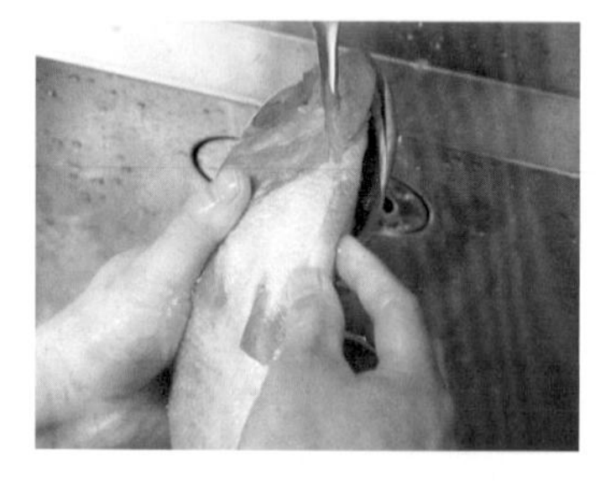

5 頭部朝右，腹部置於身體前方，按壓背部，刀子水平地從腹部肛門處朝下顎部分劃切。

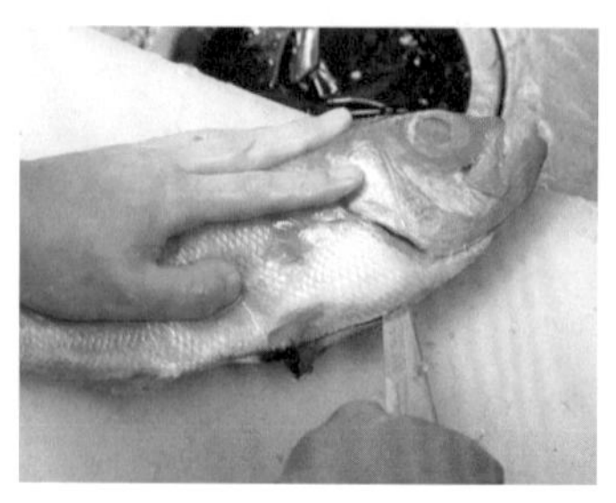

6 用刀子切除魚鰓的根部後，可以提起魚鰓蓋取出內臟。用刀子不易取出時，可以邊按壓魚鰓部分，邊用手掏出。

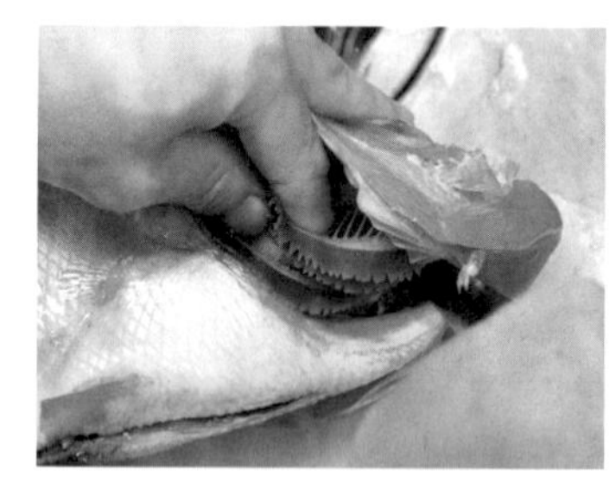

7 取出全部的內臟後，在流水下充分洗淨，除去血合。固定綁住幾根竹籤，作為清潔魚腹和魚鰓使用。

8 拭乾水份。

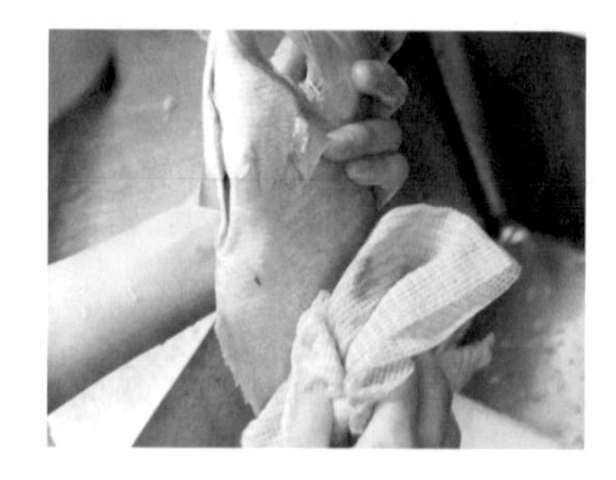

9 完成用於義式水煮魚，金目鯛的預備處理。

鰈魚

鰈魚加熱後，會成為非常美味的魚。最建議的，是本書與馬鈴薯搭配組合的「烤箱烘烤」，油炸、燉煮也都可以。

預備處理

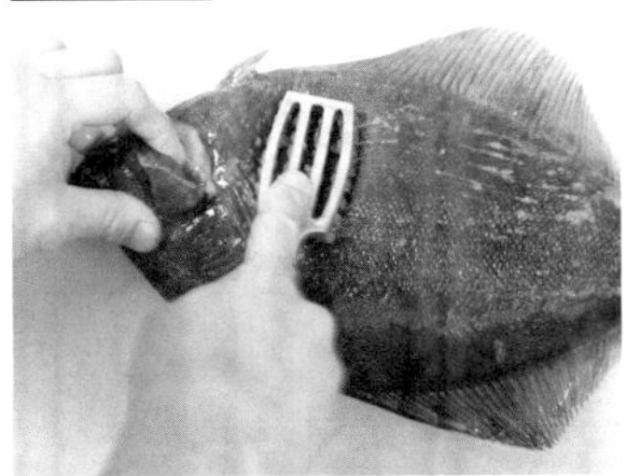

1 刮除鰈魚的魚鱗。使用魚鱗刮刀時，動作的方向是從尾端拉向頭部。

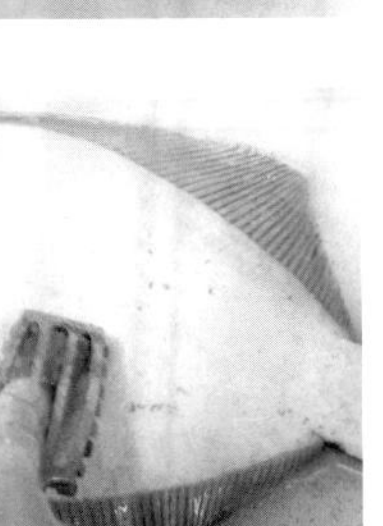

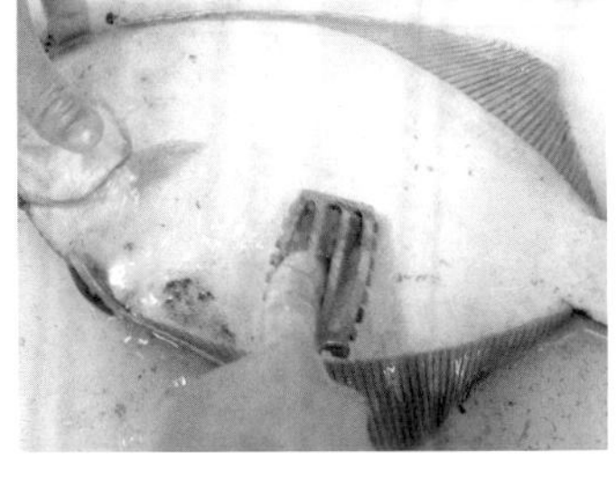

2 翻面，腹部白色之處也要刮除魚鱗。

3 因鰈魚的魚鱗較小，所以要再次利用刀刃仔細刮除。從刀子中央至刀尖前後動作般地進行。

4 頭部朝右放置，從胸鰭下方開始往頭的根部劃入切口，用手擴大開口部。

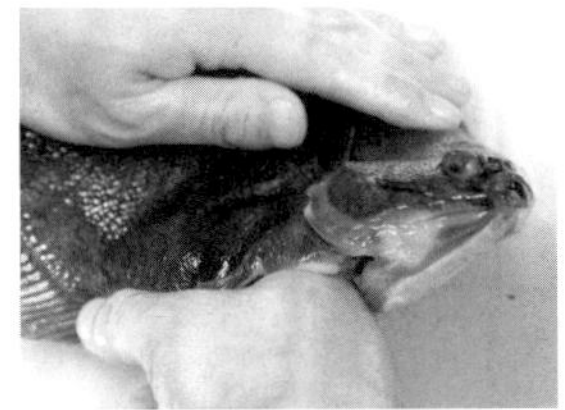

5 刀刃向上地動作，切開後，刀子從鰓蓋插入取出內臟。

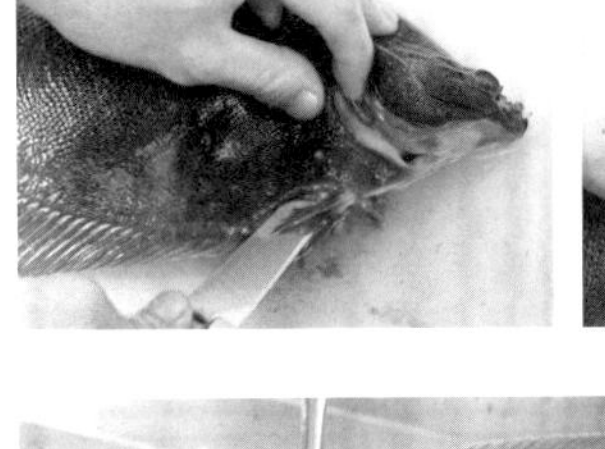

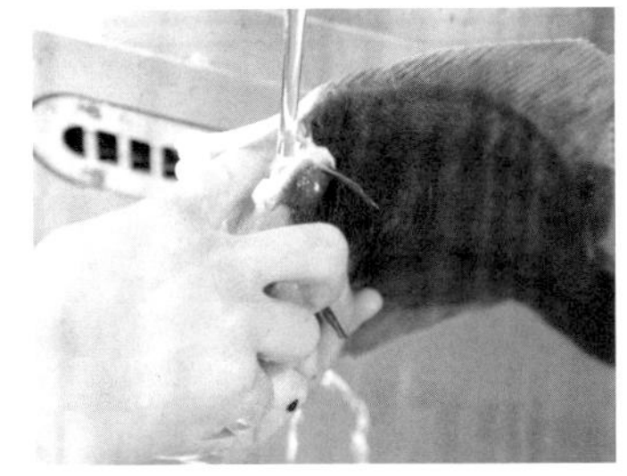

6 在流水下充分洗淨，除去血合。

7 完成烤箱烘烤鰈魚的預備處理。

鯖魚

即使在義大利也經常使用的青背魚。書中介紹的是應用醋漬鯖魚的香草風味「醃泡」、展現酸味的「烤箱烘烤」、佐以檸檬蛋黃醬的蒸煮料理「Brodettato」。

三片切法

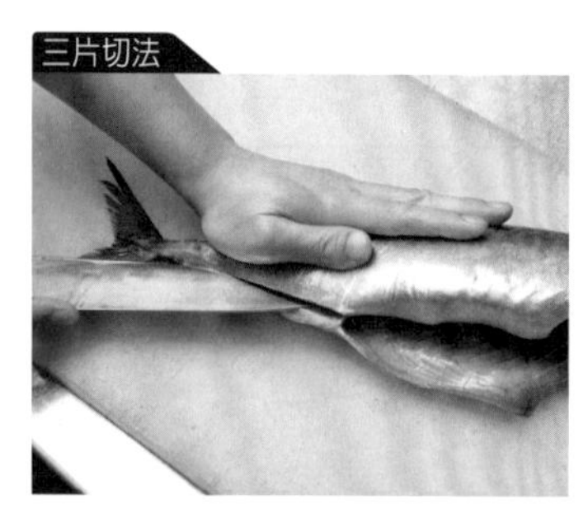

1 魚鱗、頭部、內臟都已處理完畢的鯖魚，頭部朝右，腹部置於身體前方，斜放在砧板上，從頭部開始切入腹部。切至肛門。

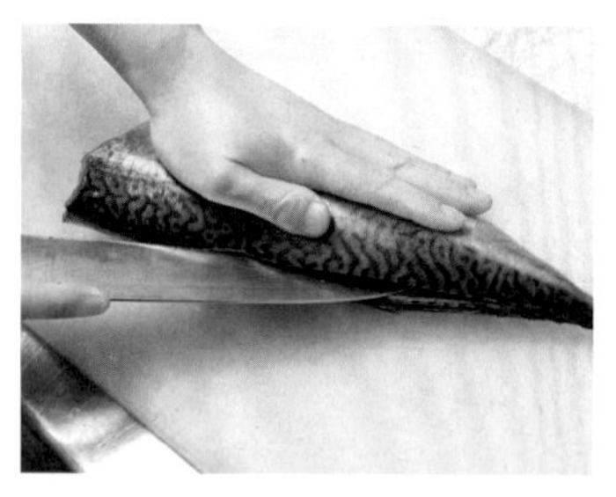

2 刀子觸及中骨時，頭部朝左，背部移至身體前方地改變方向，刀子從尾端沿著背鰭劃入。

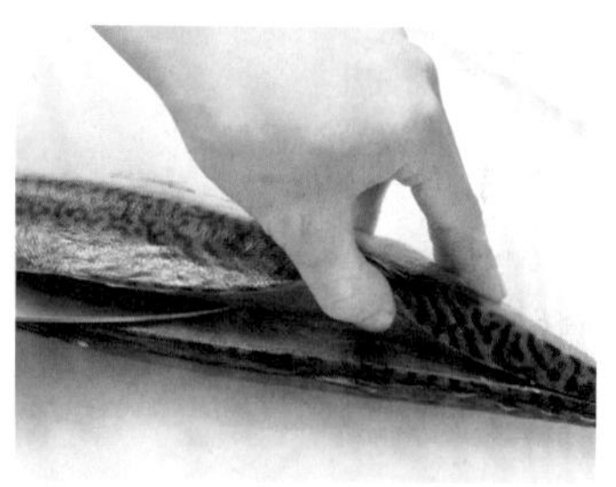

3 左手按壓魚腹，使背部翻起地向前切入，以此方向刀子滑動地切至頭部。

4 尾端連著的根部，用刀尖反向刺入，朝尾端切開。

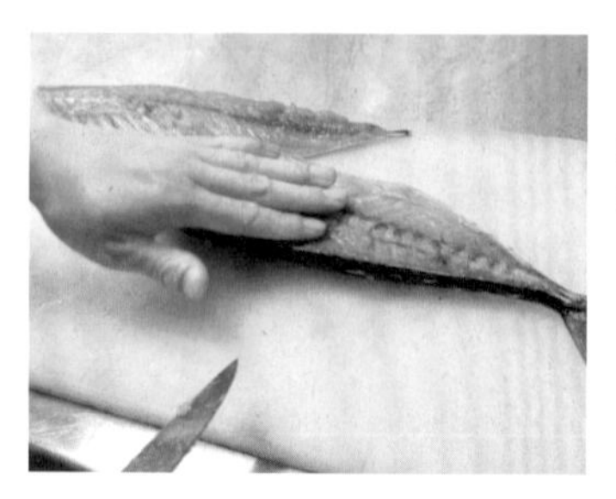

5 接著刀子從尾端往頭部方向，沿著中骨切入，切開上半部的魚肉。

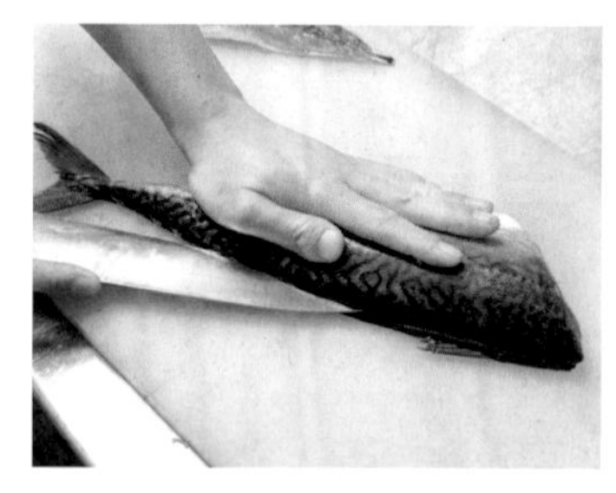

6 分切下半部。背部朝身體前方，頭部向右放置。用左手輕按壓，刀子沿著背鰭上方劃入，由此一點點逐漸切至中骨。

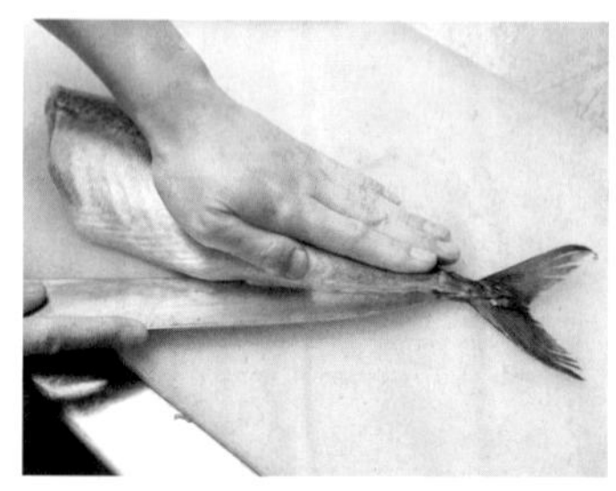

7 從背側開始切入中骨，接著將魚腹置於自己的身體前方，同樣地將刀子劃入。刀子放平般地將刀刃置於骨頭上方，少量逐次地拉動刀子劃切。

8 按壓尾端，將魚肉從中骨處切開。

9 完成。上半部和下半部。切開的中骨。

沙丁魚

義大利有著豐富的沙丁魚料理。在此介紹「沙丁魚義大利麵」，或是「醃泡」、「麵包粉煎炸」等經典料理，還有變化型的「油封」。

預備處理

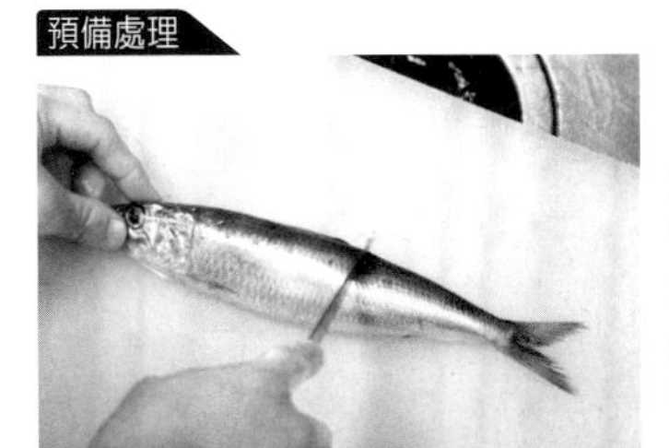

1 刀刃略微直立地刮除魚鱗。切除頭部時，可以從胸鰭後面下刀，但本書中大型沙丁魚用於油封，因此連著魚頭進行預備處理。

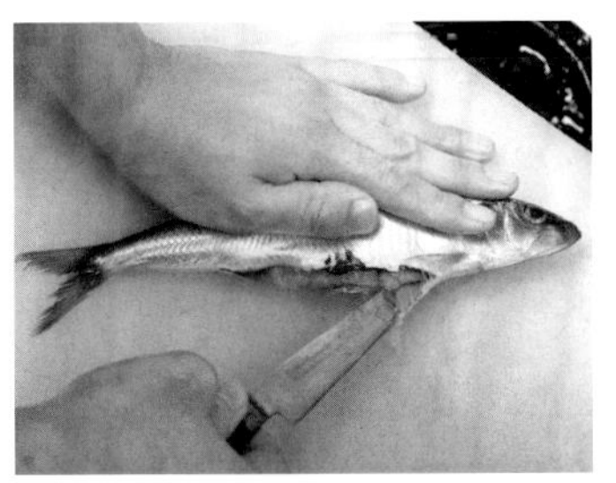

2 頭朝右，腹部朝著自己的身體，左手按壓背部，從腹部劃切。

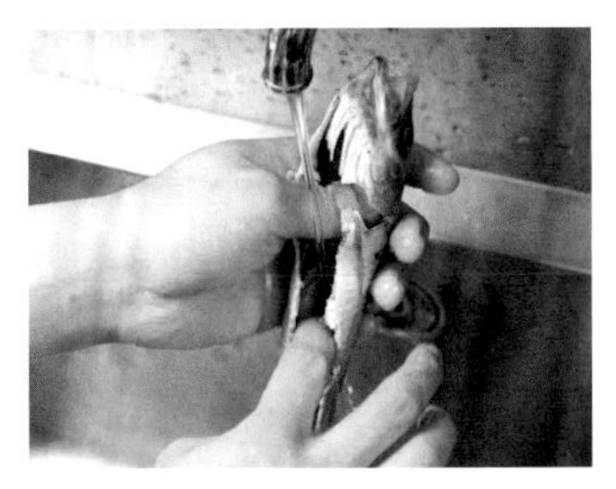

3 用手指掏出內臟、血合。用流動的水沖洗腹部及魚鰓的部分，仔細地用水沖洗乾淨，充分拭乾水份。

• 沙丁魚的小魚刺較多，切成魚片時，用魚骨夾仔細夾出。

竹筴魚

整隻或是刮下魚肉，都能發揮其美味的竹筴魚。「義式水煮魚」或「炸竹筴魚」是豪邁地呈現整條魚；刮下魚肉則可應用在「燉飯」或魚丸般的Canederli。

預備處理

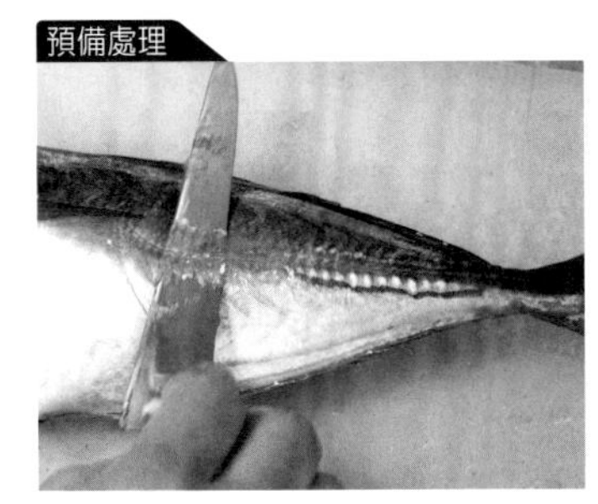

1 刀子橫向從尾端開始上下動作地切下「稜鱗」。

2 從尾端朝頭部地刮除魚鱗。

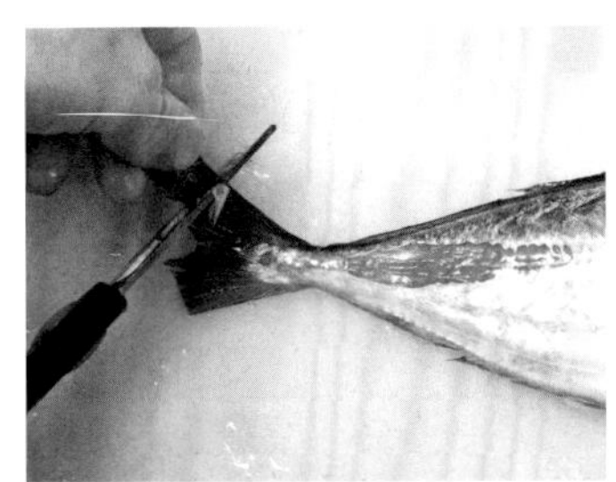

3 以烹調用剪刀修剪尾鰭、背鰭、胸鰭。之後用刀子劃入腹部，取出內臟，以流動的水沖洗，並充分拭乾水份（請參照p.128鯛魚的步驟3之後）。

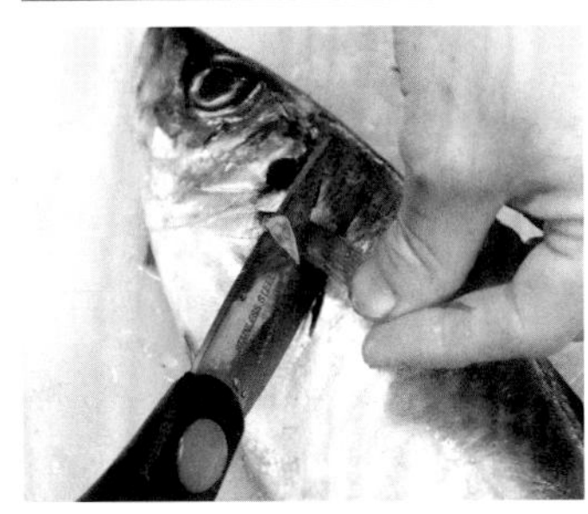

槍烏賊

各種海鮮類組合的「海鮮沙拉」、義大利麵的什錦海鮮「Pescatora」都必須用到的槍烏賊。本書還有「水煮槍烏賊沙拉」、「酥炸」等介紹。

預備處理

1 將手指伸入烏賊身體下方，卸除身體與內臟的連結。

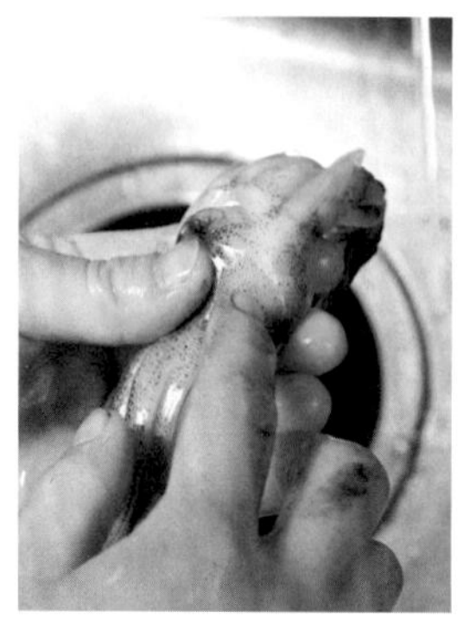

4 沖洗頭部和腳。

2 不扯破內臟地將頭、腳、內臟全部拉出，透明的骨狀內殼也拔出。

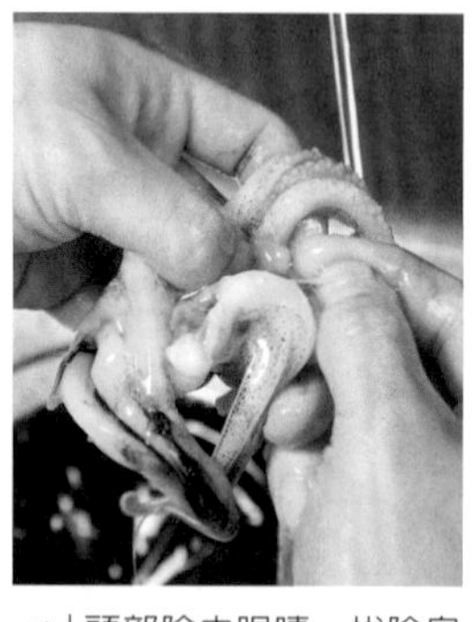

5 頭部除去眼睛，拔除烏賊腳中間的烏賊嘴，用刀子分切烏賊腳。

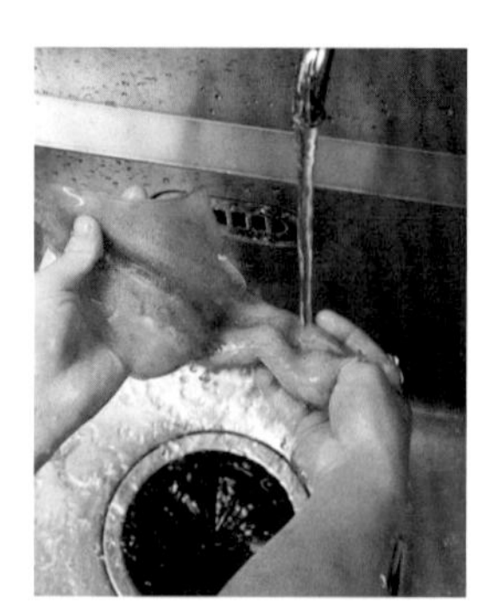

3 沖洗身體，內側也一起清洗，剝除薄膜等髒污。

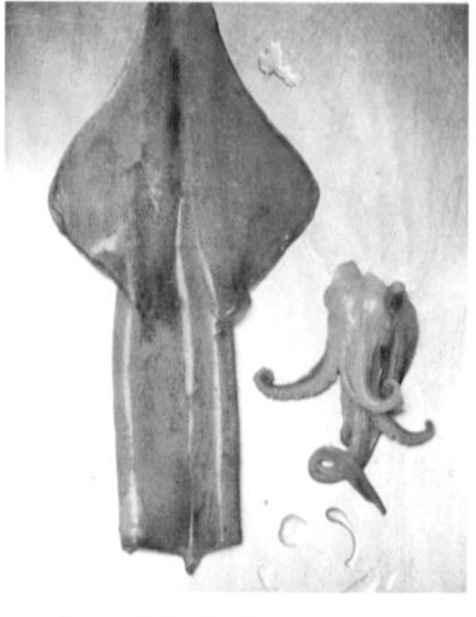

6 完成預備處理的烏賊。身體和腳作為料理的材料使用。從腳切除的頭部也可以食用。

章魚

與烏賊相同，是「海鮮沙拉」、什錦海鮮「pescatora」不可或缺的材料。本書還介紹了「燻製沙拉」、與馬鈴薯拌炒的「溫沙拉」。

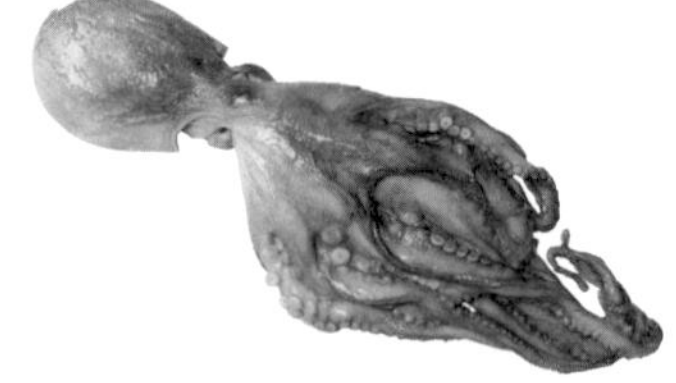

章魚的預備燙煮

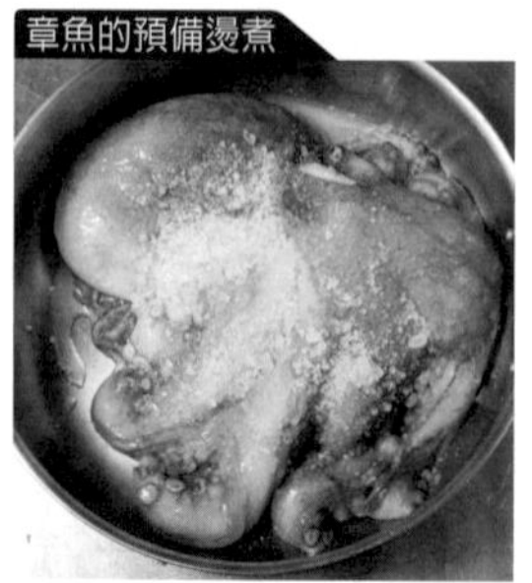

1 在章魚表面撒1小撮粗鹽，用雙手抓取揉搓，吸盤中間也要清潔，揉搓數分鐘至洗出白色黏稠，用水沖洗，再次揉搓粗鹽。

2 用水沖洗，完全洗去黏稠。不再有黏滑觸感，只留下清爽觸感即可。

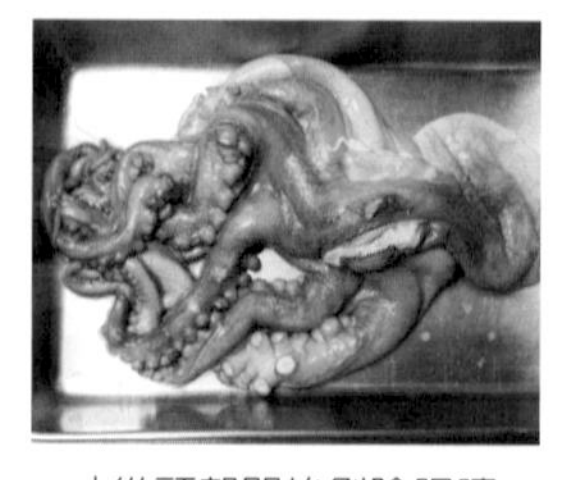

3 從頭部開始剝除眼睛、觸腳根部中心的嘴。接者將手伸入身體下方的孔洞中，拔除內臟。用刀子一點點分切，就比較容易取出。沖洗後完成預備處理。

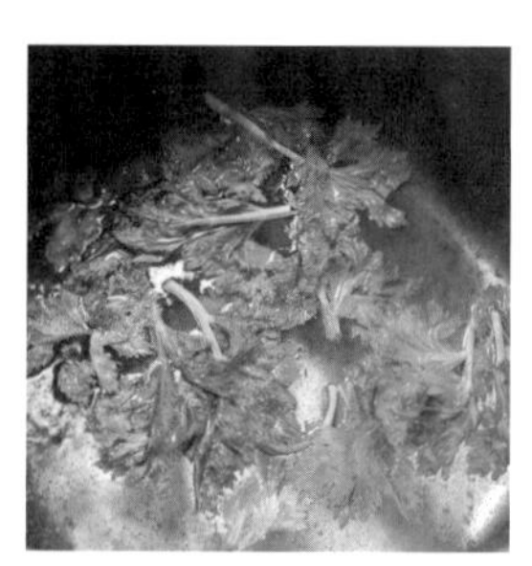

4 煮沸足以浸泡章魚的水量，放入芹菜葉(1根)和粗鹽(熱水用量的1%)。若有檸檬皮也可以一起放入。

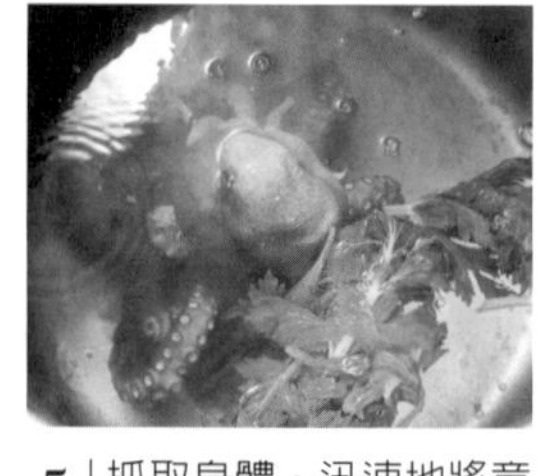

5 抓取身體，迅速地將章魚腳浸入熱水，浸入、取出地重覆10次左右。如此可調整章魚腳，縮整成圓形。接著整個放入熱水，待沸騰轉為極小火，再煮約10分鐘熄火(有氣泡冒出程度的極小火)。

6 浸泡在燙煮湯汁中至降溫，利用餘溫受熱。完成顏色鮮艷的燙煮章魚。

依食材種類·料理INDEX

將本書收錄的料理依海鮮食材分類，以其頁面製成一覽表。使用複數海鮮類時，一覽表中僅列出主要食材。最後標示的MISTO，是以使用多種海鮮類為前提的料理。標示頁面後所記述的英文，表示料理的類別。

Ⓐ：開胃菜／Ⓟ：前菜／Ⓢ：主菜

EASY COOK

ACQUA PAZZA東京名店配方大公開

作者　日高良實

翻譯　胡家齊

出版者 / 大境文化事業有限公司　T.K. Publishing Co.

發行人　趙天德

總編輯　車東蔚

文案編輯　編輯部

美術編輯　R.C. Work Shop

台北市雨聲街77號1樓

TEL：(02)2838-7996　FAX：(02)2836-0028

法律顧問　劉陽明律師 名陽法律事務所

初版日期　2019年12月

定價　新台幣 360元

ISBN-13：9789869814201　書　號　E115

讀者專線　(02)2836-0069

www.ecook.com.tw

E-mail　service@ecook.com.tw

劃撥帳號　19260956 大境文化事業有限公司

ACQUA PAZZA東京名店配方大公開

日高良實 著

初版. 臺北市：大境文化

2019　136面；19×26公分

(EASY COOK系列；115)

ISBN-13：9789869814201

1.海鮮食譜　2.義大利

427.25　　108018271

STAFF

攝影／合田昌弘

設計／GRiD(釜内由紀江、井上大輔)

採訪・文／河合寛子

企畫、協助編輯／後藤晴彦　福田芳子

校正／株式会社円水社

請連結至以下表單填寫讀者回函，將不定期的收到優惠通知。